Dr.Ossy
畜産・知ったかぶり

押田敏雄著

養賢堂

口絵

口絵1　和牛の四大品種（第2章　p, 8）

口絵2　日本に輸入される主な牛（第2章　p, 18, 19）

i

口　絵

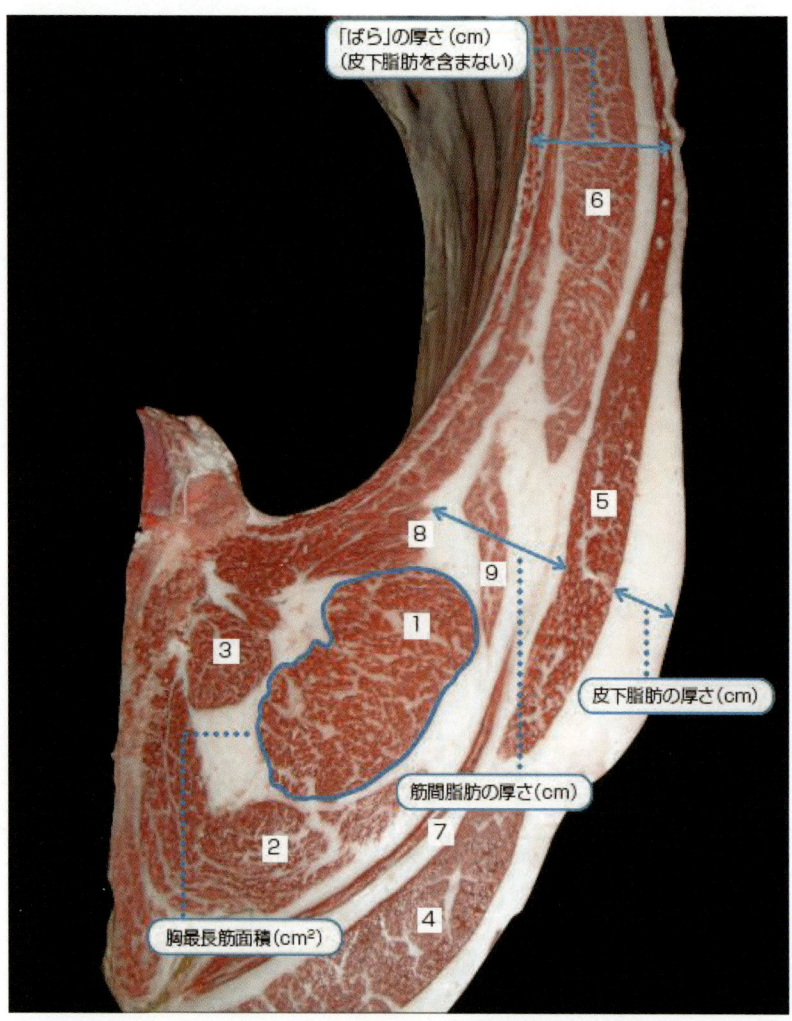

口絵3　牛の第6〜7肋骨間切断面の測定部位（第2章　p, 9）

口絵

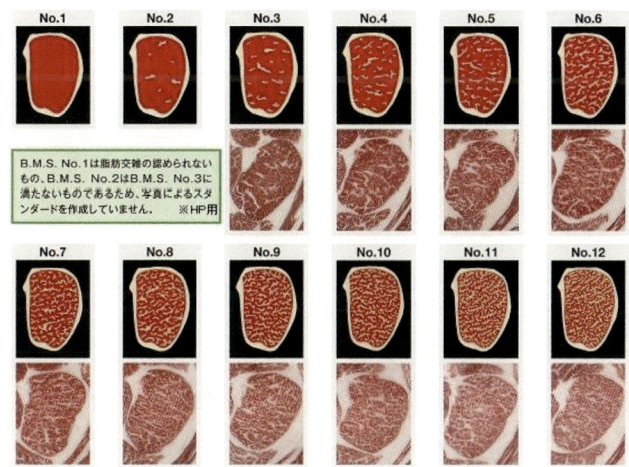

口絵4　Beef Marbling Standard（第2章　p, 10）

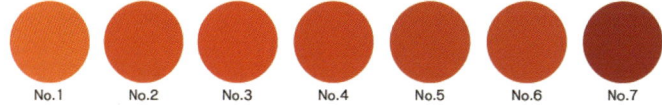

口絵5　Beef Color Standard（第2章　p, 11）

口絵6　Beef Fat Standard（第2章　p, 11）

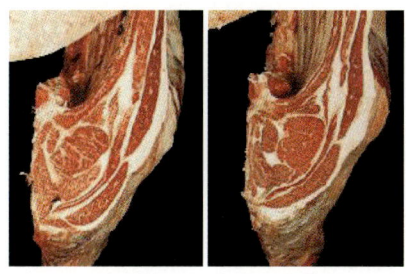

かなり良いもの　　　劣るもの

口絵7　牛肉のしまりときめ：肉眼的評価（第2章　p, 11）

iii

口　絵

口絵 8　羊の主な種類（第 5 章　p, 42）

口絵 9　羊以外の主な産毛動物（第 5 章　p, 51）

口 絵

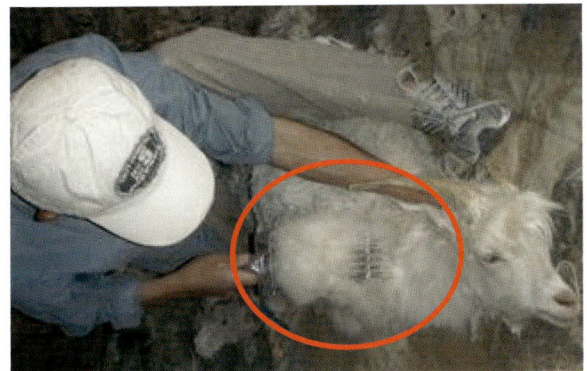

口絵10　櫛を使っての毛刈り（第5章関連写真）

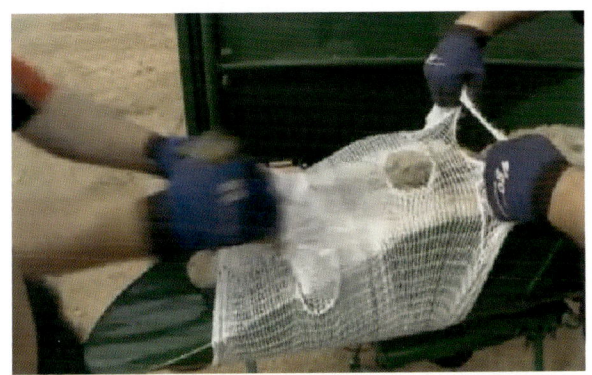

口絵11　BWHによる作業（第5章　p.57）

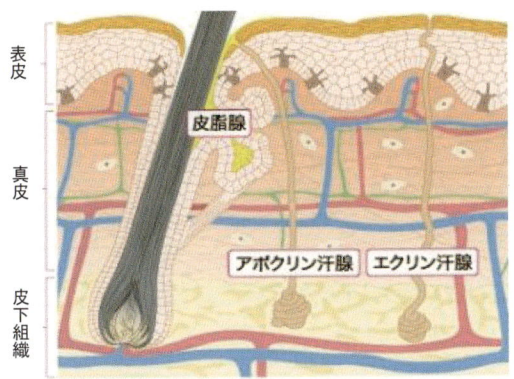

口絵12　汗腺のイメージ図（花王）（第10章　p.100）

v

口　絵

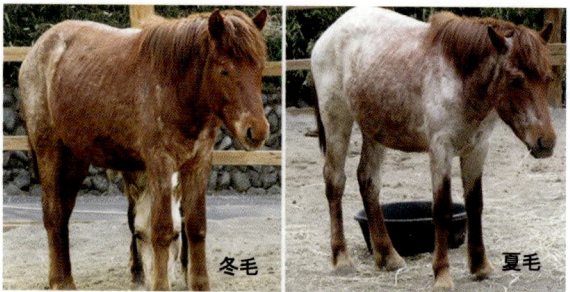

口絵 13　馬の冬毛と夏毛の違い（第 10 章　p, 101）

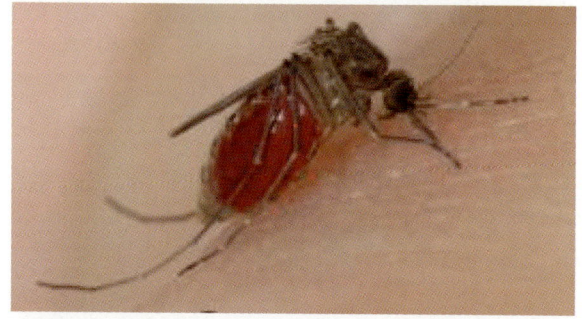

口絵 14　吸血中のコガタアカイエカ（第 12 章　p, 121）

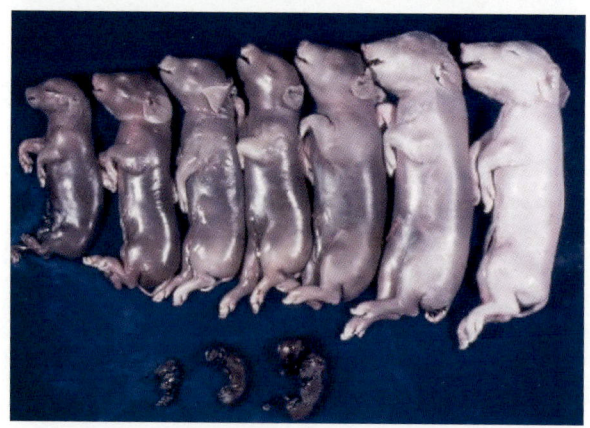

口絵 15　豚胎子の死流産（第 12 章　p, 121）

口　絵

口絵16　超高温での発酵の様子（第14章　p, 148）

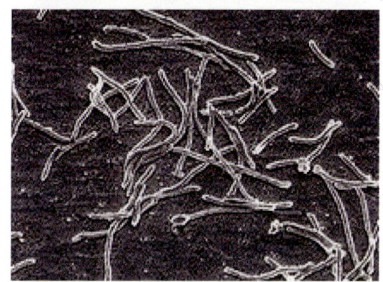

口絵17　*Themus aquaticus*（第14章　p, 149）

口絵18　オガ粉豚舎（第14章　p, 153）

口絵19　"やきとり（左：豚肉）"と"焼き鳥（右：鶏肉）"（第15章　p, 160）

口 絵

口絵 20　サバに寄生したアニサキスの虫体　（第 20 章　p, 223）

口絵 21　ブラックバスに寄生した顎口虫の虫体　（第 20 章　p, 224）

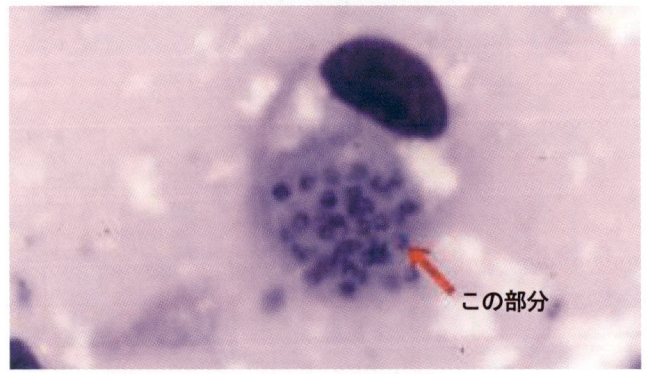

口絵 22　トキソプラズマ原虫（第 20 章　p, 224）

はじめに

　本書は「畜産の研究」（(株) 養賢堂発行）に 2011 年～2015 年（65 巻 7 号～69 巻 8 号）に掲載された原稿を基に，関連する記事や資料，写真などを大幅に加え加筆・編集を行ったものである。

　畜産に関したことがらで，「そんなこと知っている」，「えー，知らなかった」を整理して浅学菲才を省みず，「Dr. Ossy の畜産・知ったかぶり」を掲載してきた。

　この連載のもともとのヒントと機会を与えて下さったのは公益財団法人・日本食肉消費総合センター事務局長の中村民夫氏である。氏の前勤務先（公益社団法人・中央畜産会）在職中に，同会から発行している月刊誌の「畜産コンサルタント」に 10 年間にわたって掲載してきた記事をまとめて，2012 年に「Dr.オッシーの意外と知らない畜産のはなし」を発行した。中村氏はこの Dr.オッシーの名付け親でもある。また，当時の直接の編集担当であった近田康二氏には多くの労を煩わせ，その出版を契機に，日々，多くの情報を提供して戴いている。ここに，中村民夫氏と近田康二氏に深甚の謝意を表します。

　2015 年 3 月に 35 年間勤務していた麻布大学を定年退職することが出来たが，退職の記念にと考え，本書の出版を企画した次第である。

　最後に，本書の企画に賛同され，編集に精力を注いで下さった，（株）養賢堂の担当・加藤仁氏，さらには同社・代表取締役社長の及川清氏に深甚の謝意を表します。

2015 年盛夏

押田敏雄

目　次

家畜・動物編

1. 家畜の語源と人々の結びつきに関するはなし ………… 1
   - ■牛について　1
   - ■馬について　3
   - ■豚について　4
   - ■鶏について　5
   - ■羊と山羊について　6
2. 和牛・国産牛に関するはなし ……………………………… 7
   - ■和牛と国産牛　7
   - ■格付け　8
   - ■ブランドとは　12
   - ■輸入牛と国産牛　18
3. 豚に関するはなし …………………………………………… 21
   - ■豚はなぜ子だくさんか　21
   - ■豚肉の忌避（きひ）・・・なぜ嫌われるのか？　22
   - ■ヒトと豚は似ているか？　24
   - ■豚肉の銘柄・無菌豚とSPF豚　27
4. 鶏に関するはなし …………………………………………… 29
   - ■鶏卵と鶏肉の生産量　29
   - ■鳥はなぜ空をとべるのか　29
   - ■鶏の癖　34
   - ■鶏の羽と豚の毛の処理　35
   - ■なぜクリスマスにローストした七面鳥や鶏を食べるのか？　39
5. 羊に関するはなし …………………………………………… 41
   - ■羊肉の不思議　41
   - ■羊毛・毛糸の不思議　50
   - ■肉・毛以外の利用　59
   - ■羊のおまけの話　63
6. 親子での体重差に関するはなし …………………………… 71

xi

- ■受精卵から胎子へ　71
- ■胎子の成長　71
- ■産子数と胎子の大きさ　72
- ■成都ジャイアントパンダ繁殖研究基地　73

畜産製品・関連品編

7. プロバイオティクスに関するはなし　…………………　75
   - ■プロバイオティクスの語源　75
   - ■家畜でのプロバイオティクスの応用　77
   - ■プロバイオティクスの効果　79
   - ■出光グループの開発　81

8. 発酵乳に関するはなし　………………………………　83
   - ■発酵乳の定義と歴史　83
   - ■世界のヨーグルト　84
   - ■発酵乳・乳酸菌の種類と効用　87
   - ■発酵乳・ヨーグルトの作り方　89
   - ■発酵とは　90
   - ■家畜ふん尿処理　91

9. 乳からつくる酒のはなし　……………………………　93
   - ■酒の原料　93
   - ■モンゴル五畜と乳の酒　94
   - ■乳酒の種類と製造　94
   - ■酒のうんちく　95

10. 気温と肉食に関するはなし　………………………　99
    - ■体温を調節する仕組　99
    - ■家畜はなぜ暑さに弱いのか？　100
    - ■夏バテ　102
    - ■身体を温める食品と冷ます食品　106
    - ■夏毛と冬毛　109

11. 卵に関するはなし　…………………………………　111
    - ■鶏はなぜ毎日，卵を産めるのか？　111

■鶏は1回の交尾で10日以上も受精卵が産めるのはなぜ？　112
　　■鶏卵の固まり方の不思議と機能特性　114
　　■イースターと卵の関係　117

12. 蚊と日本脳炎・蚊取り豚に関するはなし …………… 119
　　■蚊取り豚の発祥　119
　　■豚以外の蚊取り　120
　　■日本脳炎と蚊の関係　121
　　■蚊やハエによる被害　122

13. 副産物に関するはなし ……………………………… 127
　　■有機性廃棄物とは　129
　　■茶の効用　131
　　■樹木などの応用　133
　　■水生植物の応用　136
　　■粕類の応用　137
　　■畜産副生物　142

14. 堆肥に関するおもしろばなし ……………………… 147
　　■好気性高温菌とは　147
　　■堆肥化の技術と問題点　149
　　■堆肥と堆肥化の実態　151
　　■ちょっと変わった微生物　154

畜産うんちく編

15. 畜産食品のネーミングに関するはなし ……………… 157
　　■同じ材料なのに　157
　　■焼き鳥とやきとり　160
　　■チーズとフロマージュ　160
　　■肉料理のネーミング　161

16. 畜産物の偽装に関するはなし ………………………… 167
　　■偽装の種類　167
　　■なぜ偽装するのか　168
　　■食肉の加工処理　169

■偽装かどうか… 　174
　　■ホントが知りたい食の安全　176
　　■コピー食品　183
17. 畜産のナンバーに関するはなし ……………… 191
　　■外交特権　191
　　■豚と牛の個体識別　194
　　■牛のトレーサビリティ制度　194
　　■トレーサビリティ　195
　　■と場番号と検印　199
　　■食の安全　200
　　■バーコードとは　204
　　■HSコードとは　206
　　■マイナンバー制度の導入　208
18. 食品に表示するマークに関するはなし ……………… 211
　　■マークとは　211
　　■JASマークとは　211
　　■健康食品などにつくマーク　213
　　■@の意味…　215
　　■HACCP食品とは　217
19. 動物と地震に関するはなし ……………… 219
　　■動物の異常行動　219
　　■地震予知の成功例　220
　　■地震予知の研究　220
　　■地震発生のメカニズムと電磁波　221
　　■1900年以降の巨大地震　222
20. 妊婦に危ない生肉と猫に関するはなし ……………… 223
　　■寄生虫による食中毒　223
　　■病院での検査　225
　　■妊婦さんが生肉とネコに勝つには　227

# 1. 家畜の語源と人々の結びつきに関するはなし

難しいはなしは，さて置いて「十二支，知っていますよね？」……子（ね），丑（うし），寅（とら），卯（う），辰（たつ），巳（み），午（うま），未（ひつじ），申（さる），酉（とり），戌（いぬ），亥（い）です。このうち，実際に存在しないのは辰（たつ）だけです。

我々の分野でよく登場するのは丑（うし），午（うま），未（ひつじ），酉（とり）で，他に子（ね），卯（う），戌（いぬ），亥（い）でしょうか。

畜産分野で五畜とは牛，馬，豚，羊，鶏をいいますが，鶏はトリを，豚はイノシシを当てています。普通，鶏肉といえばニワトリのことで，豚年はありませんが猪（イノシシ）年があります。

さて，これらの五畜についての語源，呼称のいわれについて触れてみましょう。

■牛について

「牛」の語源は古代では貴人を「大人（うし）」と呼称し，利用価値の多いこの動物を貴人と同じ呼び方をしたそうです。また，古代の朝鮮半島南部・韓（から）で

家畜・動物編

は，ウシの呼び名の「う」と，肉を食用にする獣の意の「し」を合わせたものとされています。

　牛という象形文字は，牛を正面から見た形で，角の向きで羊と区別します。ちなみに羊では角は下方に向いています。

狩猟をたびたび禁じた天武天皇

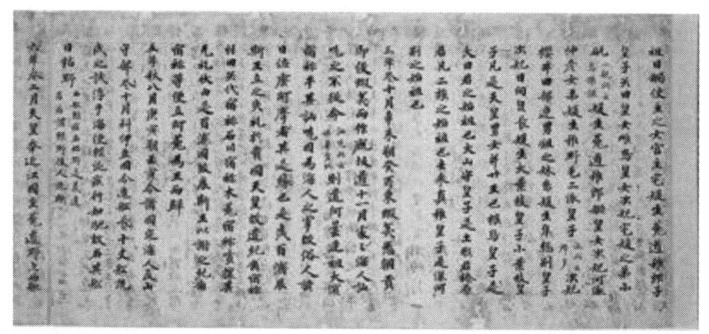

「庚寅詔諸國曰 自今以後 制諸漁獵者 莫造檻 及施機槍等類 亦四月朔以後 九月三十日以前 莫置比滿沙伎理梁 且莫食牛 馬 犬 猿 鶏之肉 以外不在禁例 若有犯者罪之」と記載（日本書紀）

　日本ではすでに2000年前には牛を殺して食べる文化があったことが貝塚から出土する骨により証明されています。「わが国は仏教国なので，牛肉は食べなかった」と伝えられていますが，それは表向きのことで，実際には密食されていたようです。しかし，明治になって肉食は解禁され，牛肉を食べることが文明開化の象徴とされ，牛肉を使った「すき焼き」が流行するようになりました。

　一方，牛乳は飛鳥時代に百済から伝えられた歴史があります。時代が進み，江戸時代に徳川8代将軍吉宗が享保12年（1727年）に白牛3頭を輸入し，安房の郷（現在の千葉県）嶺岡の牧場で飼育を始めたのが日本の近代酪農の発祥とされています。ここで搾った

名所江戸百景に描かれた江戸の猪肉店（現在の東京都千代田区）

2

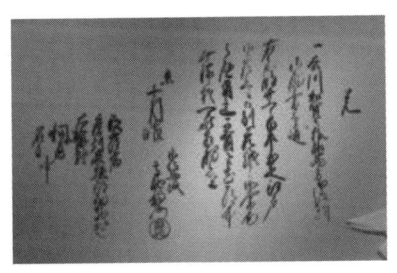

徳川吉宗の時代の白牛運搬に関する書状　「酪農発祥の地」の記念碑（千葉県嶺岡牧場）

「白牛酪（はくぎゅうらく）」という乳に砂糖を加えて煮詰め，乾燥させ，薬や栄養食品として珍重しました。しかし，牛乳はこの時代もまだ，身分の高い人たちの物で，一般人が牛乳を飲めるようになったのはもっぱら終戦後のことで，学校給食が果たした役割が大きかったとされます。

■馬について

馬の語源は「馬」の字音「ま」からで，「う」は発語といわれています。また，美（うま）の意で，良い動物であることも意味します。ウマは「日本書紀」によると4世紀末の応神天皇の時代に百済から初めて日本に持ち込まれ，「耳の獣」と呼ばれたそうです。珍獣とされ，天皇お気に入りの大臣の他は乗ることが許されなかったそうです。貴人のことを「うまひと」と呼ぶのはここに起因するといいます。

兵馬俑（西安：中国）

馬という象形文字ですが，馬を横から見た形で，たて髪が強調されています。

家畜・動物編

駒場学園高等学校（東京都世田谷区）にある記念碑と軍馬碑

馬刺し

日本国内の遺跡からは馬骨の出土はなく、4～5世紀に持ち込まれた説が有力そうです。平安時代には兵器としての馬の利用が歴史書などに見られます。江戸時代以降は交通手段として、あるいは兵器として、あるいは農耕用として珍重され、明治、大正、昭和初期では軍馬としての利用が盛んとなりました。これに

加藤清正

より、獣医師の仕事が馬の診療に基づくことが多く、数多くの「陸軍獣医学校」が各所に開校されるようになりました。

　日本で西洋式の競馬が行われるようになったのは、1860年のことで、その後の幾多の変遷を経て今日の状態となりました。

　一方、馬肉を食べるようになった起源は加藤清正がルーツであるとの熊本県の説が有力で、朝鮮出兵時に食糧難対策で軍馬を食したことが起源とされます。

■豚について

　「豚」の語源は猪太（いぶと）が短く訛（なま）ったもの、太（ふと）が変化したものともいわれています。また、古代にはイノシシ・ブタの仲間を豕（シ）といったそうで、そのなかで、野生のものを猪（チョ）

といい，肉付きの良く飼いならしたものを豚（とん）というようになったそうです。

　北京語では，ブタそのものは猪zhuと称し，日本語の養豚は養猪と表記します。豚という文字は「月＋豕」から成り，食肉用に飼いならした豕（イノシシ）という意味です。

　また，豚に関する学会として日本では日本養豚学会ですが，中国では中国養猪学会があります。

　一般的には豚，そして家猪（かちょ）ともいいます。一方，豚の先祖である猪の語源は「いかりしし」が変化したもので，怒（いか）りは，性質が凶暴なことに由来します。また，「しし」は古語で獣（けもの），特に猪や鹿などをさす言葉です。漢字の「豕」は，ブタまたは猪の姿の象形文字に由来します。

　諺で『豚に念仏，猫に経』とは「どんなに立派な教えも，それを理解できない者に言い聞かせたところで，何の意味もなさない」という例えです。また『豚に真珠』とは「値打ちがわからない者には，どんなに価値のあるものを与えても意味がなく，むだである」ことの例えです。

　豚の文字を含む苗字ですが，絶対に無いだろうと思いながら調べると豚座（いのこざ）さん，江豚崎（いるかざき）さんの苗字を発見しました。

　星座には白鳥座，小熊座などの動物名を冠したものが多くあります。まさか，豚座は無いだろうと調べると，中国では，うお座からアンドロメダ座にかけて，小さな星がつらなる星座を豚座と呼んでいます。「大銀河M31」を豚の鼻に例えて，上から見ると肥えた豚のように見立てたのでしょうか。

■鶏について

　「鶏」の語源は奈良時代の，「にはつとり（庭つ鳥）」，「いへつとり

家畜・動物編

(家つ鳥)」にさかのぼります。それぞれ庭にいる鳥，家にいる鳥の意味で，「かけ」とも表しますが，これは鳴声に由来します。万葉集には，それぞれ鶏の枕詞（まくらことば）として出てきます。一方，鶏という漢字は家畜として繋ぎ留めておく鳥の意味です。また，鶏を「けい」とも読みますが，漢字の稽（かんが）と音が同じことから，時をよく稽（かんが）える鳥ともいわれています。ニワトリは朝，コケコッコーと考えながら（?）時を知らせているのでしょうか。

鳥の中で，鶏という文字が入る諺で『鶏群の一鶴』というのがありますが，これは「平凡で取り柄の無い人々の中に，一人だけ傑出した人物が混ざること」を意味します。また，『鶏鳴狗盗』とは「どんなにつまらない芸でも役立つことがある」の例えです。

鳥の文字を含む苗字は思いのほかたくさんあります。しかし，鶏はどうでしょうか？鶏内と書いて，「かいち」，「とりうち」，「かいた」がありました。

■羊と山羊について

羊については5．羊に関するはなし（P. 45〜）をご覧下さい。

山羊の語源は野牛（やぎう）の略といわれています。また，「羊」はハングルで양で，その発音であるヤング yang が変化したものともいわれています。漢字書きの「山羊」，「野羊」は「山や野にすむヒツジ」という意味です。

元来，日本にはヤギは生息しておらず，平安時代初期に新羅の使節が嵯峨天皇に献上したのが最初の渡来とされています。

苗字で山羊さんですが，皆無でした。ヤギさんの読みでは八木，矢木，谷木，矢儀，八城，矢城，屋宜，野寄，箭木などたくさんのヤギさんがいました。

6

2. 和牛・国産牛に関するはなし

　暑くても寒くても，スタミナ維持に肉をたくさん食べます。給料日，誕生日，結婚記念日，金廻りの良い時，慶事など，特別のご馳走として牛肉を食べます。

　この牛肉，値段はピンからキリまで。牛肉ならば何でも同じ，若者には質より量，年配にはその逆？……牛肉のわからない部分を整理してみましょう。

■和牛と国産牛

　「和牛」とは，明治以降になって日本の在来牛と外国産の牛を交配して改良された日本固有の肉用種を定義します。この肉用種はさらに次の4種に区分されます。つまり，「黒毛和種」，「褐毛和種」，「日本短角種」および「無角和種」です。しかし，「日本短角種」と「無角和種」は現在ほとんど飼育されていません。黒毛和種は肉質に優れ日本の

和牛の四大品種
（鹿児島県黒牛黒豚銘柄販売促進協議会HPより）

和牛の90％を占めています。また，褐毛和種は肉質が黒毛和種に近く，体が大きく育ちも良好な品種です。農水省のガイドライン（2007年3月）によると，「日本国内で出生し，日本国内で飼育され，牛トレーサビリティ制度で確認出来ること」とされています。

家畜・動物編

黒毛和種　　　　　褐毛和種

日本短角種　　　　無角和種

　「国産牛」とは品種に関係なく，一定期間（輸入されてから3ヶ月間）以上，日本国内で飼育されれば国産牛と呼ばれます。つまり生体で輸入されればアメリ産でもオーストラリア産でも「国産牛」となってしまいます。

　また，乳用種のホルスタイン（主に廃用となった雌牛）やホルスタインと和牛を交配した交雑種も「国産牛」として表示されています。

■格付け

　日本国内での公式の格付けは公益社団法人日本食肉格付協会によって実施されています。格付けは取引をする場合の目安となり，格付けの等級が高ければ値段も高く取引されます。また当然のことですが格付けの等級が高いほど，一般的には「美味しい牛肉」とされています。

　牛肉の格付けには2つの等級が使われます。1つは歩留り等級，もう1つは肉質等級です。歩留り等級はA，B，Cの3段階に分かれており，Aが最も良く，肉質等級は5，4，3，2，1の5段階に分かれ，5が最も良い等級となります。

2. 和牛・国産牛に関するはなし

●歩留り等級

生体から皮, 骨, 内臓などを取り去った肉を枝肉といいますが, このとき生体から取れる枝肉の割合が大きいほど等級が高くなります。つまり同じ体重の牛でもたくさんの肉が取れる方が良いということです。

「歩留等級」は, 左半丸枝肉を第6〜第7肋骨間で切開し, 切開面における胸最長筋（ロース芯）面積（cm^2）, ばらの厚さ（cm）, 皮下脂肪の厚さ（cm）および半丸枝肉重量（kg）の4項目の数値を下の算式に入れ計算し, 歩留基準値を決めます。

歩留基準値 = 67.37 + 〔0.130 × 胸最長筋面積（cm^2）〕+ 〔0.667 ×「ばら」の厚さ（cm）〕− 〔0.025 × 冷と体重量〈半丸枝肉（kg）〉〕− 〔0.896 × 皮下脂肪の厚さ（cm）〕

ただし, 肉用種枝肉の場合には2.049を加算します。

また, 筋間脂肪が枝肉重量, 胸最長筋面積に比べかなり厚いとか, 「もも」の厚さに欠け, かつ, 「まえ」と「もも」の釣り合いが著しく欠けるものは, 歩留等級が1等級下になる場合があります。

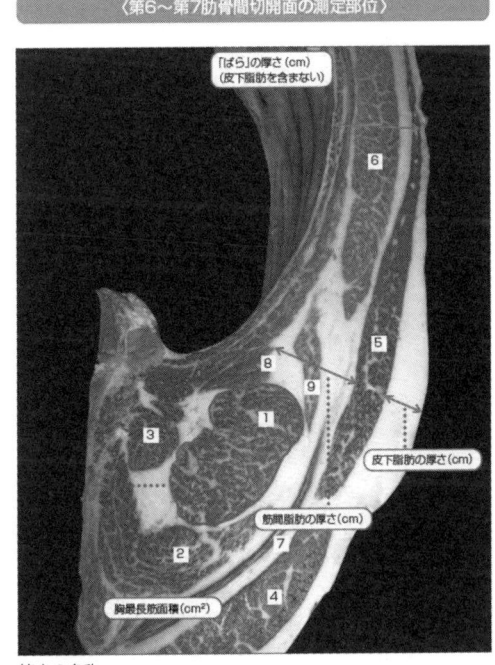

〈第6〜第7肋骨間切開面の測定部位〉

筋肉の名称
1…最長筋　2…背半棘筋　3…頭半棘筋　4…僧帽筋　5…広背筋
6…腹鋸筋　7…菱形筋　8…腸肋筋　9…前背鋸筋

歩留等級の区別は, 下

等級	歩留基準値	歩留
A	72以上	部分肉歩留が標準より良いもの
B	69以上72未満	部分肉歩留の標準のもの
C	69未満	部分肉歩留が標準より劣るもの

表のとおりで,「A」「B」「C」の3等級に決定されます。

●**肉質等級**

「脂肪交雑」,「肉の色沢」,「肉のしまりときめ」および「脂肪の色沢と質」の4つの項目について評価が行われ,総合的な判定から最終的に肉質等級が決定します。

脂肪交雑:「脂肪交雑」は霜降の度合いを表します。ビーフ・マーブリング・スタンダード BMS（Beef marbling standard）という判定基準があり,これによって評価されます。脂肪交雑の判定基準はNo.1〜No.12のBMSで判定されます。より正確に判定するため,「写真による脂肪交雑基準」を用いて判定します。

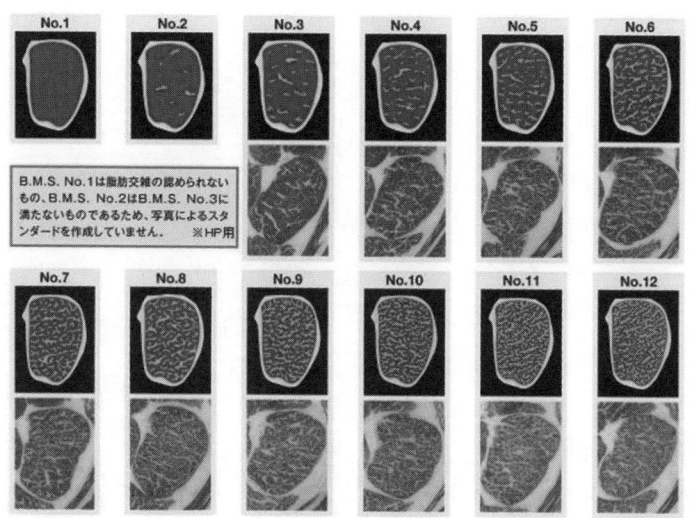

肉の色沢:「肉の色沢」は肉色と光沢を判断します。「脂肪交雑」と同じように,肉の色にはBCS（Beef color standard）という判定基準が設けられ,一般的に鮮鮭色が良好とされています。また,光沢については見た目の価で判定して等級が決定されます。

肉のしまりときめ:「肉のしまりときめ」は肉眼的に評価されます。つまり,きめが細かいと柔らかい食感が得られます。

2. 和牛・国産牛に関するはなし

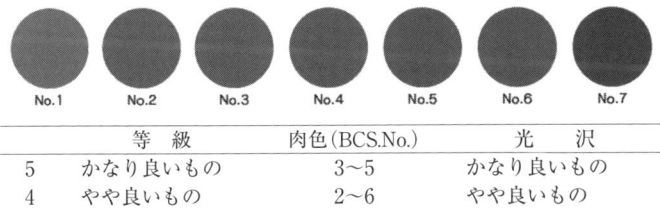

等級		肉色(BCS.No.)	光沢
5	かなり良いもの	3～5	かなり良いもの
4	やや良いもの	2～6	やや良いもの
3	標準のもの	1～6	標準のもの
2	標準に準ずるもの	1～7	標準に準ずるもの
1	劣るもの	等級5～2以外のもの	

等級	締まり	きめ
5	かなり良いもの	かなり細かいもの
4	やや良いもの	やや細かいもの
3	標準のもの	標準のもの
2	標準に準ずるもの	標準に準ずるもの
1	劣るもの	粗いもの

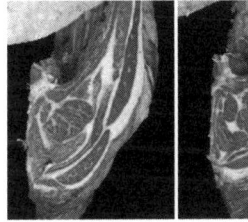

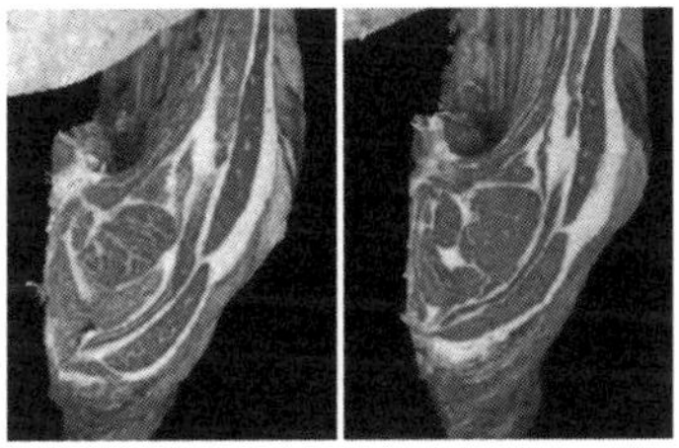

かなり良いもの　　劣るもの

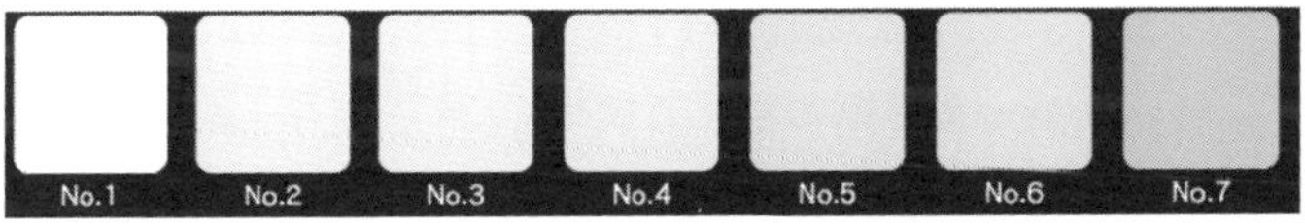

等級		肉色(BFS.No.)	光沢と質
5	かなり良いもの	1～4	かなり良いもの
4	やや良いもの	1～5	やや良いもの
3	標準のもの	1～6	標準のもの
2	標準に準ずるもの	1～7	標準に準ずるもの
1	劣るもの	等級5～2以外のもの	

＜資料の出典：牛枝肉取引規格の概要（日本食肉格付協会）による＞

脂肪の色沢と質：「脂肪の色沢と質」は，まず色が白またはクリーム色を基準に判定され，さらに光沢と質を考慮して評価されます。この項目の判定基準は，脂肪色については牛脂肪色基準（Beef Fat Standerd）で，光沢および質は，肉眼で判定して等級が決定されます。

実際の表示では2つの等級を組み合わせてA5，B3というような表示となります。歩留り等級が3段階，肉質等級が5段階なので，牛肉の等級は全部で15段階となります。

最高ランクであるA5に評価される牛肉は，ほぼすべてが和牛です。

しかし，育てられた和牛の全部がA5評価とはならず，全体の15%程度の個体のみが最高ランクとなります。また交雑種がA5やB5になることもまれにはあります。一般的に和牛はAクラスに，その他の牛はBクラスに評価されることが多いようです。つまり和牛は1頭から多くの肉を得ることができ，肉用牛として最適な牛であるといえます。

■ブランドとは

中身が大事か，ブランドが大事か……大学選びではなく，牛肉の美味しさに関する話です。ここでは牛肉のブランドについて触れましょう。

日経リサーチが2009年に実施したバイヤー（デパート，スーパーなどの牛肉仕入れ担当者）調査「国産ブランド牛肉」の結果を表に示します。生産地かその近辺に行かないと食べられない，デパートや大手のスーパーに行かないと買えない，そんなものまで入れると200以上のブランドがあります。全国47都道府県でブランド牛のない県はありません。何と，と畜場が無い福井県でも「若狭牛」，東京でも「秋川牛」，「東京黒毛和牛」のブランドがきちんとあります。

これらのブランドを冠したブランド牛とは，産地・品種・格付け・飼育方法など一定の基準を満たした牛のことで，その基準はブランドごとに異なります。

都道府県名	ブランド名	品質規格
北海道	はやきた和牛	3等級以上
	つべつ和牛	-
	北見和牛	-
	ふらの大地和牛	A3以上
	北勝牛（ほくとぎゅう）	定義なし
	十勝和牛	-
	みついし牛	-
	北海道和牛	-
	びらとり和牛	-
	十勝ナイタイ和牛	肉質等級4・5等級
	音更町すずらん和牛	-
	白老牛	肉質等級が3以上で歩留等級がAまたはBであるもの

2. 和牛・国産牛に関するはなし

都道府県名	ブランド名	品質規格
北海道 （つづき）	宗谷黒牛	B3中心（2〜5等級）
	ふらの和牛	3等級以上
	かみふらの和牛	A3以上
	生田原高原和牛	3等級以上
	北海道オホーツクあばしり和牛	3等級以上
	知床牛	3等級
	流氷牛	－
	とうや湖和牛	BMS.No.5以上
青森	あおもり倉石牛	歩留等級A・B，肉質等級4・5
	あおもり十和田湖和牛	A4・B4ランク以上
岩手	いわて南牛	A3等級以上
	前沢牛	A5, B5, A4, B4
	江刺牛	4等級以上
	いわて奥州牛	4級以上、歩留等級A・B
	いわて牛	なし
	岩手しわ牛	3等級以上
	岩手とうわ牛	なし
	いわてきたかみ牛	A5, B5, A4, B4
宮城	若柳牛	A5, B5, A4, B4
	新生漢方牛	－
	石越牛	A4, B4以上
	はさま牛	AB5・4等級
	三陸金華和牛	なし
	仙台牛	A5, B5
秋田	三梨牛（みつなしぎゅう）	4等級以上
	秋田由利牛	5等級及び4等級，3等級の場合は30ヶ月齢以上
	秋田錦牛	A・B3以上
	秋田牛/秋田黒毛和牛	なし
	羽後牛	なし
山形	尾花沢牛	3等級以上
	雪降り和牛　尾花沢	3等級以上
	総称山形牛	4以上。ただし，肉質等級が3等級の黒毛和種についても，「山形牛」に準ずるものとし，取り扱うことができるものとする。
	蔵王和牛	2以上
	米沢牛	4・5等級（生後30ヶ月以上），3等級（生後32ヶ月以上）
福島	福島牛	4等級以上
茨城	常陸牛（ひたちぎゅう）	A・B4以上
	紫峰牛	A5, A4, A3

都道府県名	ブランド名	品質規格
茨城（つづき）	紬牛	A3〜A5, B3〜B5
	花園牛	4・5等級以上
栃木	さくら和牛	−
	とちぎ和牛	A4, B4以上
	とちぎ高原和牛	AB-2・3
	おやま和牛	A3〜A5
	那須和牛	歩留等級A・B以上の肉質等級3・4・5
	かぬま和牛	−
群馬	上州牛	肉質等級2以上
	上州和牛	肉質等級2以上
	榛名山麓牛	−
	上州新田牛	肉質等級3以上
	赤城牛・赤城和牛	−
埼玉	彩の夢味牛（旧彩の国夢味牛）	
	彩さい牛	
	武州和牛	
	深谷牛	
千葉	かずさ和牛	等級3以上
	飯岡牛	歩留等級A・B、肉質等級3等級以上
	そうさ若潮牛	−
	みやざわ和牛	歩留等級A・B、肉質等級3等級以上
	しあわせ満天牛	−
	美都牛	−
	ナイスビーフ	−
東京	秋川牛（東京都産黒毛和種）	A4-5
	東京黒毛和牛	A3〜A5
神奈川	横濱ビーフ	4等級以上
	市場発横浜牛	歩留等級A・B、肉質等級4等級以上
	葉山牛	B4, B5, A4, A5
新潟	にいがた和牛	歩留等級A・B、肉質等級4等級以上
富山	とやま和牛	3等級以上
石川	能登牛（のとうし）	A3, B3以上
福井	若狭牛	3等級以上、かつBMS4以上
山梨	甲州牛	4以上
	甲州産和牛	3以下
長野	信州牛（信州ハム）	3等級以上
	阿智黒毛和牛	3等級以上

2. 和牛・国産牛に関するはなし

都道府県名	ブランド名	品質規格
長野 (つづき)	りんごで育った信州牛	A4 以上
	信州牛（大信畜産）	全等級
	信州肉牛	3 等級以上
	北信州美雪和牛	3 等級以上
	久堅牛	-
岐阜	飛騨牛	A，B 等級，5，4，3 等級
静岡	遠州夢咲牛	A・B・C3 等級以上
	特選和牛静岡そだち	3 等級以上
愛知	みかわ牛	3 等級以上
	安城和牛	3 等級以上
	鳳来牛	3 等級以上
	あいち知多牛	3 等級以上
三重	みえ黒毛和牛	
	鈴鹿山麓和牛	
	松阪牛	
	伊賀牛	
滋賀	近江牛	
京都	亀岡牛	-
	京都肉	A5，B5，A4，B4
	京の肉	-
大阪	大阪ウメビーフ	
兵庫	加古川和牛	
	黒田庄和牛	-
	本場但馬牛/本場経産但馬牛	-
	淡路ビーフ	A・B3-4 以上
	三田肉/三田牛	-
	神戸ワインビーフ	-
	神戸ビーフ（神戸肉、神戸牛）	歩留等級 A・B，BMS6 以上
	但馬牛（但馬ビーフ）	A・B 等級
	丹波篠山牛	-
	湯村温泉但馬ビーフ	A3 以上
奈良	大和牛（やまとうし）	-
和歌山	熊野牛	A3，B3 以上
鳥取	東伯和牛	-
	鳥取和牛	2～5 等級
島根	島生まれ島育ち　隠岐牛	-
	潮凪牛（しおなぎゅう）	A3（上）以上，A4，A5
	いずも和牛	-
	まつなが黒牛・まつなが牛	-
	石見和牛肉	-
岡山	おかやま和牛肉	-

15

家畜・動物編

都道府県名	ブランド名	品質規格
岡山（つづき）	千屋牛	-
	奈義ビーフ	2等級以上
広島	ひろしま牛	-
	広島牛	4以上
山口	高森牛	A3相当以上
	皇牛	A3，A4，A5相当
徳島	阿波牛	A5，A4，B5，B4
香川	讃岐牛	A5，A4，B5，B4，A3，B3
	オリーブ牛	A5，A4，A3，B5，B4，B3
	伊予牛「絹の味」	4等級以上
愛媛	いしづち牛	3等級以上
高知	土佐和牛	-
福岡	糸島牛	BMS5以上
	小倉牛	3等級以上
	博多和牛	A・B3等級以上
	筑穂牛	格付「5」「4」等級，BMS「7」以上
佐賀	佐賀牛	格付「4」「3」「2」等級，BMS「6」～「2」以上
	佐賀産和牛	-
長崎	長崎和牛	3等級以上
熊本	くまもと黒毛和牛	-
大分	The・おおいた豊後牛	3等級以上
宮崎	宮崎牛	4等級以上
鹿児島	鹿児島黒牛	-
沖縄	もとぶ牛	3等級以上
	石垣牛	特選：歩留等級A・B肉質等級5・4，銘産：歩留等級A・B肉質等級3・2
	おきなわ和牛	-

● 日本三大和牛とは

ところで，日本三大和牛とは「神戸牛」，「松阪牛」および「近江牛」とする説，「近江」の代わりに「米沢牛」という説があり，確定はされていません。大政が奉還され，横浜の中川屋嘉兵衛が現在の東京都港区に外人居留地者をあてこんで，と畜場が開設され，牛肉の流通が始まったとされています。

築地居留地（東京）

2. 和牛・国産牛に関するはなし

神戸牛

松阪牛と看板

近江牛

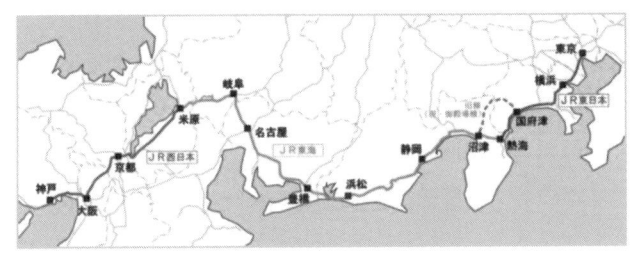

あるブランド調査の結果一覧

順位	ブランド	都道府県	得点	順位	ブランド	都道府県	得点
1	松坂牛	三重	349	16	いわて短角牛	岩手	110
2	米沢牛	山形	309	17	しまね和牛	島根	110
3	宮崎牛	宮崎	291	18	くまもと黒毛和牛	熊本	107
4	前沢牛	岩手	287	19	ながさき和牛	長崎	103
5	神戸牛	兵庫	251	20	十勝和牛	北海道	101
6	但馬牛	兵庫	237	21	豊後牛	大分	100
7	佐賀牛	佐賀	237	22	石垣牛	沖縄	98
8	近江牛	滋賀	233	23	甲州牛	山梨	89
9	山形牛	山形	231	24	京都牛	京都	86
10	鹿児島牛	鹿児島	220	25	東伯牛	鳥取	72
11	飛騨牛	岐阜	213	26	千葉しあわせ牛	千葉	70
12	仙台牛	宮城	201	27	村上牛	新潟	70
13	三田牛	兵庫	135	28	神戸ワインビーフ	兵庫	65
14	上州牛	群馬	128	29	能登牛	石川	64
15	信州牛	長野	120	30	淡路ビーフ	兵庫	56

　当時，牛は三重，兵庫，岡山，京都，福井，滋賀で農耕用として多く飼育され，関西でも急峻な田畑の耕作や森林伐採の運搬用に馬や雄牛が多用されていましたが，岐阜，愛知以北では馬が主力だったので牛の供給は関西方面に頼らざるを得なかったようです。

　当初は陸路による運搬でしたが，トラックもない時代で，きわめて非

17

効率でした。そこで船便による運搬となりましたが，船積みが神戸港だったので，「神戸牛」が生まれたようです。神戸港からの牛は兵庫以外の三重，京都，滋賀のものもあり，効率を考えて明治17年には松阪（現在の四日市港）での船積みが始まり，「松阪牛」の名称が誕生しました。これらの牛の集荷には近江商人が深く関わっていました。順調に牛が運ばれていましたが，明治26年に牛疫が発生し，生体での移動が禁止されました。これを契機に牛の飼育地ではと畜場が開設され，牛肉としての運搬が始まりました。明治23年に東海道線の全通により，牛肉は汽車で運ばれるようになりました。この積み込みは八幡駅（現在の近江八幡）からであり，地元では八幡牛と呼んでいました。この牛の産地が近江だったので，消費地の東京ではこれらの牛を「近江牛」と呼び，それが名称となりました。

ブランド名にはほとんどの場合，その土地の地名がついていますが，これは生産者が商品を売りたいがためのものであるのに対し，「神戸牛」，「松阪牛」，「近江牛」の名称は消費者が商品を区別するためにつけた由緒のあるものといえます。

アンガス

ヘレフォード

ショートホーン

■輸入牛と国産牛

2012年の日本国内でのシェアはオーストラリア産36%，国産41%，米国産15%，その他7%となっています。オーストラリア産の牛の種類はアンガス，ヘレフォード，ショートホーンなどが主で，餌はソルガムや大麦が主体です。なお，米国産の牛の種類はオーストラリアのものの他，シャロレ

2. 和牛・国産牛に関するはなし

シャロレー　　　　　　　シンメンタール

	肩ロース	バラ	サーロイン	モモ
オージービーフ	218	203	305	176
和牛	641	630	1,159	628
交雑種	449	489	860	421
乳牛(廃用)	285	377	651	329

(alic 統計資料より作成)

ーやシンメンタールなどが含まれ，餌はトウモロコシや大豆が主体です。

「国産牛」とは品種に関係なく，一定期間（輸入されてから3ヶ月間）以上，日本国内で飼育されれば国産牛と呼ぶことが出来ます。つまり生体で輸入されればアメリカ産でもオーストラリア産でも「国産牛」になれるのです。

また，乳用種のホルスタインやホルスタインと和牛を交配した交雑種も「国産牛」として表示されています。

表に平成26年2月の牛肉小売価格（円/100g当たり）を示します。

●グラスフェッドとグレインフェッド

最近，テレビの旅番組で「かぼすヒラメ」が紹介されていました。カボスは大分県特産の柑橘類ですが，これをエサに加えて育てた養殖ヒラメのことで，「かぼすブリ」とともに，大分県の新たなブランド魚となっています。「かぼすヒラメ」は，カボスの香気成分リモネンが蓄積され，肝の臭みが抑えられ，エンガワがさっぱりしているのが特徴です。

魚だけでなく，畜産物も餌の影響を受けやすいとされますが，牛肉ではどうで

カボス(大分特産)

ロール牧草

19

しょうか？

　牛は反すう動物なので，牧草給与で飼育します。牧草で肥育された牛肉を「グラスフェッドビーフ grass fed beef（牧草飼育牛肉）」と呼びます。この肉質は赤身が多く，肉本来の味わいと香りが楽しめるのが売りです。グラスフェッドというとオーストラリア産の牛肉（オージービーフ）と思われがちですが，必ずしもこの定義はあてはまりません。つまり，オージービーフでも穀物主体の餌で肥育されたものもあります。なお，グラスフェッドでも秋期に結実する牧草を主な餌にする場合を pasture fed パスチャーフェッドと呼ぶこともあります。

　グラスフェッドでは広大な敷地で牧草のみを飼料とするので，脂肪分が少なく，赤身が多いので硬く，ひき肉としてハンバーグやミートローフなどに，ブロック肉でスープ，カレー，シチューなどのように長時間煮込む料理に向いています。また，低カロリー，低コレステロールが特長となっています。

　しかし，現在，日本国内で，高値で取引される牛肉はサシ（霜降り）入りのもので，これは穀物を主体に肥育された牛肉の特長とされます。

　つまり，日本向けの牛肉（焼肉，シャブシャブやすき焼き）には霜降りなどの脂肪分を増やすために，穀物を餌にした牛も飼育されるようになってきましたが，これをグレインフェッド grain fed と呼びます。このグレインフェッドですが，約2歳までは牧草で肥育されます。その後，日本向けにソルガムや大麦などの穀物主体の餌で肥育します。この穀物を給与する期間でショートフェッド，ミドルフェッド，ロングフェッドと区分され，その期間はそれぞれ100〜120日，150〜180日および200日以上とされています。グレインフェッドはグラスフェッドに比べ赤身と脂肪がほどよく混ざり，多汁性に優れています。2011年12月現在，日本に輸入されている41％はグレインフェッドで，このうちの多くはスーパーマーケットで販売されています。

飼料用トウモロコシ

3. 豚に関するはなし

本当は酪農がやりたくて、その方面の大学を考えました。しかし、入学試験の時期が早かった麻布獣医科大学（後に麻布大学に校名変更）に合格してしまい、酪農をやれそうもない淵野辺の地に足を入れてしまいました。

大学では4年間、自分なりに良く勉強しました。卒業時に、国家試験のための勉強だけでは虚しく思い、大学院にも進学しました。

牛相手の仕事が夢でしたが、周囲の環境、恩師・田中享一先生との出会いなどにより、結果的に豚とのつき合いが長くなり、牛の先生ではなく、豚の先生として、定年を迎えることになりました。

■豚はなぜ子だくさんか？

俗に畜生腹（ちくしょうばら）という言葉があります。広辞苑では「女が一回に二子以上を産むこと、あるいは多産」とあります。また、その昔、双子が産まれると、二子のどちらかは養子に出され別々に育てられたようです。つまり、畜生腹は忌み嫌われていたようです。ここで言うところの畜生とは犬猫を指した言葉ですが、家畜のうち、豚はなぜ一度にたくさんの仔を出産するのでしょうか。

●精子と卵子

胎児のもとは受精卵、そのもとは精子と卵子です。しかし、胎児の数を決定する上で重要なのは卵子の数です。出生直後の新生子の卵巣には牛で6〜10万個、豚で6〜50万個の卵母細胞（卵子のもとの細胞）が存在しています。こ

のうち排卵に至る卵母細胞は1%以下で，ほとんどの卵母細胞は成熟途上で死滅します。

排卵とは成熟した卵母細胞が卵胞外に排出されることをいいますが，その直径は豚もヒトも130〜140μm程度です。

さて，問題なのが一回の排卵数で，ヒトやウシでは通常は1個，ラットやブタでは10個程度とされています。

1つの卵子には過当競争を生き残った精子のみが到達し，受精が成立（受精卵の誕生）します。つまり，排卵数が産仔の数を決定していると言っても過言ではありません。そして，受精卵は子宮内膜に着床し，その刺激により胎盤が形成されるようになります。

●子宮

子宮は受精卵が器官形成（身体のもとになる器官の発生や分化）し，胎児を成長させる場となります。ここで問題になってくるのは子宮の形状で，これは動物によって異なります。

ウマは双角子宮，ウシは両分子宮，ヒトなどの霊長類は単一子宮です。ブタはヤギやイヌと同じく，外観的には双角子宮ですが，切開すると中隔を認めるのでウマとウシの中間タイプとされます。動物の種類が異なるので，子宮の大きさを単純には比較できませんが，単一子宮では数多くの胎児を育てることは至難なのに対し，豚ではこれが可能となり，結果として仔だくさんになります。

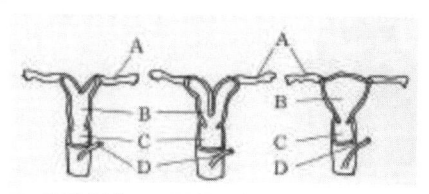

双角子宮　両分子宮　単一子宮

A:卵管　　C:膣
B:子宮(体)　D:尿道

■豚肉の忌避（きひ）……なぜ嫌われるのか？

美味しいのに，なぜ世界各地で豚肉（ブタ）が嫌われているかを考えてみましょう。

第1に，宗教戒律が大きな理由とされます。ユダヤ教，イスラム教，

ヒンズー教では豚肉の食用が明確に禁止されています。ユダヤ教の聖典である旧約聖書の記述（レビ第 11 章）では，食用可能な動物は偶蹄目（ひづめが 2 つに分かれた動物）の反すう動物とされ，ウシ，ヒツジおよびヤギは食べることができます。ウサギやラクダは反すうしますが偶蹄目でないので食べることができます。しかし，豚は偶蹄目で反すうもしないので，食べることはできないのです。

　第 2 に，遊牧民族は歴史的に農耕民族を蔑視していたので，動きが遅く，草食性でなく，水辺を好む豚は遊牧には適さず，しかも，農耕民族の家畜なので蔑視の対象になった歴史的背景があります。

　第 3 に，泥に寝転がり汚く見える。鈍重。大食で何でもむさぼり食べ太る。発情周期が 21 日で年中繰り返す……等々と，理想の人間像からかけ離れた習性を持つので嫌われたという説です。経済学者のスチュアート・ミルは「太った豚よりは痩せたソクラテスたれ」といった格言を残しています。でも，ギリシアでは豚肉が好まれていたのでソクラテスの時代でも豚肉は食べたはずなのですが……。

　第 4 に，世界各地でブタは飼われ，人家の回りに放して残飯や汚物を食べさせる習慣がありました。12 世紀のパリでは生ごみ処理施設も無くトイレを備えた家もごくわずかだったので，生ごみも汚物もすべて路上に捨てられ，放し飼いにされた豚はそれらをきれいに処理したそうです。日本でも 17 世紀の京都の公家は豚を飼い，残飯や汚物の処理にあたらせていたそうです

食肉に関する危害の原因

細菌に関するもの	炭疽，牛結核，豚丹毒，ブルセラ病，サルモネラ症，カンピロバクター症，パスツレラ症，レプトスピラ症など
原虫に関するもの	クリプトスポリジウム症，トキソプラズマ症など
寄生虫に関するもの	有鉤条虫症，無鉤条虫症，トリヒナ症など
その他	腸管出血性大腸菌感染症

が，沖縄では昭和以前まではこの習慣がありました。その他，中国や東南アジア，オセアニアの各地でも同じような習慣が見られます。

　第5に，豚肉には顎口虫，旋毛虫，有鉤条虫などの寄生虫症が報告されています。確率的には少数ですが，海外では十分に加熱していない肉を食べるのは避けたいです。歴史的には寄生虫の被害で豚肉の食用が禁止された可能性は十分に考えられます。

　第6に，日本の特殊事情として，仏教による殺生禁止が挙げられます。豚肉を含めた肉食はその後明治維新まで，少なくとも表向きは禁止でした。紆余曲折はありましたが，当時の支配階級が農業による国づくりと国家安定を計るために，農民を農耕に集中させ狩猟や牧畜に向かわせないように山野を占有し，農民の狩猟を禁止し，同時に殺生と肉食の禁止を徹底していったと考えられます。

　今はいい時代で，大好きな豚肉をたくさん食べましょう!!

■ヒトと豚は似ているか？

　豚に似ていると笑うヒトがいます。肥満ゆえに笑われることが多いのでしょうか。「豚児（とんじ）」という言葉を聞きますが，これは我が子の謙称です。豚は貪欲な動物で，日本語の豚は中国語では豕と表記されますが，豕（し）心（しん）とは貪欲な心を，英語の pig も欲深い，大喰らいという意味もあります。さて，悪いことの代名詞にされてしまいそうな豚の名誉を挽回するために豚を科学しましょう。

●豚とヒトが似ている点

　豚とヒトが似ている点は何でしょうか。両者はいずれも胎盤を持つ哺乳類で，雑食性の単胃動物です。摂取する食餌の内容範囲が広く，デンプン質を多食し，繊維は少食です。タンパク質や脂質は植物性でも動物性でも好食します。摂取した栄養成分の消化，吸収，排せつなどの体内での代謝機構はヒトも豚も基本的には同様です。

　当然ながら豚もヒトと同じように嘔吐や放屁もし，下痢や胃潰瘍にも

なります。糖蜜などの甘味料，グルタミン酸ソーダのような旨味料を添加すれば食欲も増進します。さらに，豚にアルコールを体重1kg当たり2ml程度の量を飲ませれば酩酊し，全身を赤くして寝転んでしまうそうです（高橋正也氏による）。

次に豚とヒトが似ていない点は何でしょうか。エネルギーの摂取や利用性はまったく異なり，関連して成長や繁殖性が豚では突出しています。豚は成長がきわめて早く，生時体重が2倍になるのに10日もかかりませんが，ヒトでは4ヶ月もかかります。つまり，ヒトと豚の成長パターンは基本的に異なっています。

豚を含めた普通の動物はS字型曲線に沿って成長（図参照）し，豚は80ヶ月，牛は90ヶ月，鶏は23ヶ月，ラットでは15ヶ月で，それぞれ体重増加が停止し，完熟します。しかし，ヒトの成長曲線は他の動物と異なり，成長が加速する期間が長く，成長は緩慢です。ヒトは300ヶ月でやっと完熟します。繁殖性は豚は多胎，ヒトは単胎で比較になりません。ちなみに豚は年間2〜3産，1産当たりの産仔数は10〜12頭にもなります。

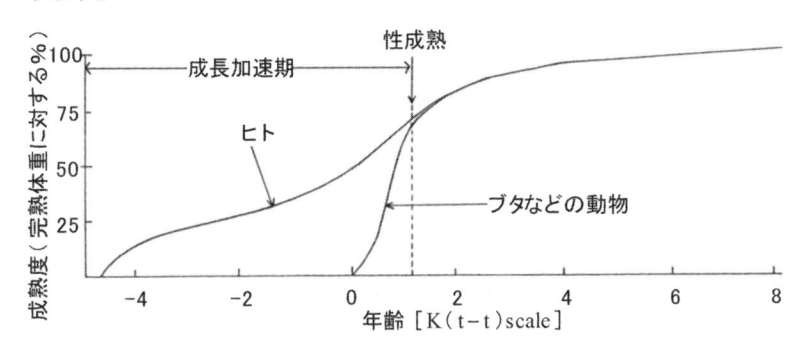

ヒトと豚の成長曲線

●栄養・生理

遁走（とんそう）をトン走と書いたり，「豚に真珠」などの諺（ことわざ）があるように豚は悪い例えに多用されますが，なぜでしょうか。それはサル知恵，サル真似（まね）のサルに次いでヒトに似通った動物

だという説があります。ここでは栄養・栄養生理に関してヒトと豚での違いと共通点について解説しましょう。

＜消化＞：成人の胃の容積は約 1.4 ℓ，成豚では体重に比較しきわめて大きく約 9 ℓ もあるので，体重差を考えてもヒトの 2 倍以上も大きい。ヒトの胃が紡鐘型なのに対し豚はドンブリ型で，噴門部が広くドカ食いに適しています。豚の摂食量は体重 50 kg で一日当たり約 2.4 kg もあり，同体重のヒトの 3 倍以上に，飲水量も 3 倍程度あります。

次に，小腸や大腸の長さはヒトの 2～3 倍ありますが，体重差を考えると胃のように容積がとくに大きくありません。飼料の消化管内通過速度もヒトと同程度（高橋正也氏による）とされています。

豚の消化力を消化率としてみた場合に，ヒトと異なっているとはいえません。トウモロコシ，脱脂大豆，魚粉などについての消化率

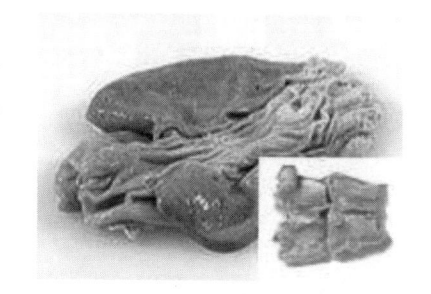

豚の胃と腸

はヒトも豚も同程度です。その理由として摂食量が大きく異なるものの消化酵素の種類や食餌量当たりの分泌量は同程度であることから理解されます。

＜栄養分・脂質の利用＞：消化吸収された養分の代謝でヒトと豚での大きな相違点は，肝臓などでの脂質の合成能力です。成豚の体内脂質割合は 30～40％で，ヒトの 2 倍以上もあります。これは豚では吸収されたデンプンなどの糖質が脂肪酸に転換される反応系がきわめて円滑，効率よく働くからで，ヒトや他の動物と比べても特異的です。つまり，エネルギー代謝が乱れずに糖質から体内に多量の脂質を合成・蓄積することが可能です。他に繊維の利用性がヒトと豚ではやや異なります。

豚は 10 ヶ月齢頃から粗飼料の咀嚼力が高まり，飼料中の繊維成分もエネルギー源として若干ながら利用可能となります。タンパク質やビタミン，ミネラルの代謝はヒトも豚も同程度とされますが，豚はビタミン

Cの体内合成が可能なのにヒトやサルでは不可能なので，食餌として摂取する必要があります。

＜血液・尿の成分＞：血液は養分の運搬という大きな使命を帯びていますが，成人も成豚も体重の6％程度，つまり体重60kgの人で3.6lほどの血液が体内を循環しています。その成分は食餌などで一時的には変化しますが，恒常性のお陰で健康が維持され，大きな影響を受けません。血糖，コレステロール，尿素窒素などの栄養指標物質の濃度はヒトと豚では似通った値を示します。

一方，尿は過剰摂取したミネラルや窒素が尿として排せつされるので，食餌による変動がきわめて大きい。しかし，正常な食餌では尿量こそ豚では飲水量の関係でヒトの2〜3倍多くなりますが，クレアチニンなどの代謝関連物質の尿中排せつ量（体重1kg当たりのmg/日）はヒトと豚での差異はほとんどありません。

■豚肉の銘柄・無菌豚とSPF豚

最近，肉屋さんやスーパーの店頭で「クリーンポーク」，「無菌豚」，「SPF豚」，他には「黒豚」とか「Tokyoエックス」などといった表示をよく見かけます。

●銘柄豚

銘柄豚は"ブランドポーク"ともいわれ，在来品種である鹿児島の黒豚（バークシャー）や神奈川の高座豚（中ヨークシャー）などを始め，昭和50年以降造られた系統豚，あるいは海外産ハイブリッド豚を素材として作出された豚をいいます。国内各地で生産販売されているものは日本食肉消費総合センター（2005年）によれば255種にも上っています。

銘柄豚の公的認定制度はなく，トレードマークを独自に作成したり，生産地の有利販売促進策として取り扱われ，銘柄取引が行われています。銘柄化のためには，①良質・美味などの特

色がある，②品質に斉一性がある，③一定の出荷量が確保されている，④国内生産である，⑤来歴が明確である，⑥飼養・加工方法に基準がある，⑦固有の商品名称が市場的に確立されている　等が列挙されます。

●無菌豚

　無菌豚とは SPF 豚とはまったく異なった豚です。一般的に食用として飼育されている豚は，無菌環境で飼育されていても無菌の豚ではありません。SPF 豚が無菌の飼育環境と殺菌された飼料で育つために「無菌豚」と呼ばれますが，SPF 豚は「無菌豚なので生食は可能」と誤解されることもあります。無菌豚は「Germ Free Pig」と呼ばれる豚のことで，SPF 豚とは「Specific Pathogen Free」の略で呼称される豚を指します。食用の豚肉で「無菌豚」の記載や表示は混乱や誤解を招くので使用すべきではないとの見解もあります。SPF 豚の飼育方式が普及し始めた当時に SPF の意味が的確に消費者や関係者に伝わらなかったことにより，「無菌豚＝ SPF 豚」としての誤った認識が広まったためと考えられます。そのため，無菌豚は食肉用の豚ではまず存在しません。

● SPF 豚

　SPF 豚とは豚やヒトが罹患しやすい特定の病気の原因を持たないように，飼育された豚の呼称です。つまり，「決められた基準に従った飼育方法で飼育された豚」で，品種ではありません。SPF 豚は始めに妊娠した母豚から帝王切開で子豚を摘出し，母子を殺菌された無菌的環境（給与飼料も水も殺菌）で飼育します。そのため，SPF 豚の体内には悪玉より善玉菌の方が多く，健康的に育てられている豚ということになります。

SPF 豚認定農場の表示

　こうして育てられた豚は無菌状態の施設で SPF 豚同士を繁殖することにより，新たな SPF 豚を自然分娩で出産することになります。SPF 豚が飼育されている養豚場や農家では，SPF 豚を飼育できる環境であるとの認定を受けており，認証を受けていない農場では SPF 豚を生産することはできません。

4. 鶏に関するはなし

獣医系大学では色々な種類の動物について学びます。コンパニオンアニマルの犬と猫は定番ですが，猫については記憶がありません。また，産業動物については牛，豚について多くは学びましたが，鶏については講義も実習も少なかったと思います。したがって，大学を卒業し，各自が自分の専門として，猫やウサギ，鶏などについて卒後学修していきます。

ここでは，主に鳥，とくに鶏について触れたいと思います。

■鶏卵と鶏肉の生産量

日本の鶏卵と鶏肉の生産量の推移を表に示します。2010年の調査では国民一人が年間に食べる量は，牛肉 2.2 kg，豚肉 6.0 kg，鶏肉 4.4 kg，鶏卵 10.1 kg となっています。多くの畜

日本の鶏卵と鶏肉の生産量の推移

年	鶏卵（トン）	鶏肉（トン）
1960	573,576	—
1970	1,733,669	500,926
1980	2,001,582	1,419,032
1990	2,419,081	1,380,000
2000	2,540,075	1,194,524
2010	2,506,768	1,386,301

産物が輸入されていますが，量的には鶏卵については国内生産のもので充足可能との試算があります。学校給食の出食率でも鶏肉は豚肉と同等か，それ以上の利用がなされています。

■鳥はなぜ空をとべるのか

ポーランド・日本合作映画「明日の空の向こうに」を見ました。映画は国境を越えてソ連からポーランドにたどり着いた三人の少年たちの物語ですが，「鳥のように自由に空を飛びたい」そんな気持ちが伝わって来る切ない映画です。

そこで，ふと考えてみました。「なぜ，鳥は

飛べるのか」…春になるとフレッシュマンが飛び立ちます。鳥が飛ぶために備えた機能として，①発達した機能的な肺，②極限まで軽量化された骨格や身体，③飛翔に必要な筋肉の発達と不必要な筋肉の退化があげられます。

●**発達した機能的な肺**

　鳥の肺は哺乳類よりも優れた仕組を持っています。哺乳類は肺を膨らませて空気を吸い込み，肺の中の古い空気と新しい空気は混ざります。

ふいご

　一方，鳥は空気を送り込む"ふいご"のような機能を持った気嚢（きのう）という小さな袋で呼吸します。まず吸い込んだ空気を後気嚢という伸縮する袋に取り込み，ここから新しい空気を肺管と呼ばれる細かい管へ送り込み，ここで酸素と二酸化炭素の交換をします。肺管を通過した古い空気は，そのまま前気嚢という袋に集められ，気管から排出します。

　つまり，他の動物が「気管→肺→気管」というように空気が往復するのに対し，鳥は簡単にいうと「気管→後気嚢→肺管→前気嚢→気管」と一方向に循環するので，古い空気と混ざり合うことがなく，常に新鮮な空気が肺を流れて行きます。ちなみにヒトの肺と違って肺管は伸縮しないので，横隔膜はありません。このような効率の良い肺機能に進化することで，激しい飛行運動が可能になり，また空気の薄い高所にも適応可能となりました。

●**軽量化された骨格や身体**

　軽量化作戦Ⅰ：鳥の骨には多くの空洞があり，これを含気骨と呼びます。全体の強度を補強するため，細かい支柱で支えています。ペンギンやダチョウなど飛ばない鳥の骨は含気骨ではありません。

　また，骨格という点では飛んでいる姿勢維

鶏の骨格標本

持のために，背中の柔軟性は欠けますが，これは飛行機の胴体と同じように翼を強固に支える必要があるからです。しかし，ヒトでは空中で同一姿勢を長時間続けることは体力的に厳しいものがあります。

軽量化作戦Ⅱ：鳥は体の軽量化のために無駄な筋肉がありません。鳥には嘴（くちばし）がありますが歯はなく，よく噛むことができないので，砂嚢という器官で補っています。砂や小石などを飲み込んで溜めておき，胃の中で食べたものをすり潰します。

また鳥は歯がないだけでなく，飲み込む力も弱く，食べ物を流す機能も弱いので，水などは必ず上を向いて流し込みます。鳥は足腰だけでなく，顎や喉の筋肉まで退化させています。

さらに体を軽くするため，セミの"おしっこ"と同じように，頻繁にふんをします。また哺乳類と異なり膀胱はなく，尿素ではなく尿酸という固体をふんに付着した状態で総排せつ腔から排せつします。

●筋肉の発達と退化

鳥は翼を打ち下ろすために著しく発達した胸筋を持っています。鳥類の胸筋は実に体重の 15～25％を占めるといいます。つまり，体重が 60 kg のヒトに例えると，胸に 15 kg 近い筋肉が集まっていることになります。体格が逆三角形どころではありません。では，なぜ重い飛行機は空を飛べるのでしょうか？ それは揚力という力が関係します。野球の変化球も，実はこの揚力によって曲がります。

ダチョウやエミューなどの走鳥類は，進化のかなり初期で飛ぶグループと分かれ，独自の進化をたどったと考えられています。つまり，骨格は含気骨で飛ぶための仕組は一部持っていますが，飛ぶための筋肉が付着する胸の骨の突起がなく，初期から飛ばない方向で進化したものと考えられます。

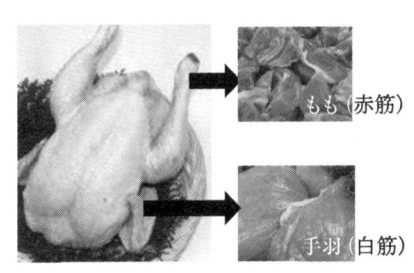

鶏の白筋と赤筋

●白筋（速筋）と赤筋（遅筋）

　筋肉は主に白筋と赤筋の2種類に分かれます。速筋は瞬発力に優れた運動をするのに向いている筋肉で，遅筋は持久力に優れた運動をするのに向いている筋肉です。速筋と遅筋の違いを簡単に説明すると，筋肉の運動時に酸素を必要とする度合が多いか少ないかが関係しています。筋肉が運動する上で酸素を多く使う場合，筋肉に含まれるタンパク質の一種であるミトコンドリアやミオグロビンなどの働きが関わっています。また，このタンパク質は赤い色をしているため筋肉内での含有量が多い遅筋のことを赤筋と呼ぶ場合があり，筋肉内での含有量が少ない速筋のことを白筋と呼ぶ場合があります。

　鶏などもそうですが，翼を動かす筋肉（鶏では手羽と呼ぶ）は白く，歩行に関係する筋肉（鶏ではモモと呼ぶ）は赤いのが特徴です。

速筋（白筋）

　速筋は筋肉が運動する際，酸素の使用量が少ない筋肉です。無酸素運動であるダッシュやジャンプといった瞬発力が必要な運動に向いています。速筋は運動の際に体内の糖をエネルギーとして使用します。そのため，酸素と結合しないとエネルギーとして消費しない脂肪を燃焼しないため持久力を必要とする運動には不向きなのです。

遅筋（赤筋）

　遅筋は筋肉が運動する際，酸素を使用しながら収縮をする筋肉です。有酸素運動である水泳やジョギングといった持久力が必要な運動に向いています。遅筋は運動の際体内の糖だけでなく，脂肪を燃焼させエネルギーとして使用します。

　速筋（白筋）と遅筋（赤筋）をイメージするのによく用いられるのが魚の赤身と白身の話です。マグロやカツオなどの回遊魚は長距離を移動するために筋肉における遅筋（赤筋）の割合が多くなります。遅筋（赤筋）＝赤身ということです。反対にヒラメやカレイなどの白身魚は海を動きまわらず，獲物を捕らえるため筋肉における速筋（白筋）の割合が多くなります。速筋（白筋）＝白身ということです。

筋肉は速筋と遅筋が混在して構成されています。速筋と遅筋の特性は既述の通りですが，メタボリック対策のための効果的なトレーニング，ダイエットを行う上では次のようなことがいえます。
・脂肪燃焼のためには遅筋を使用する運動
・基礎代謝の向上には速筋を使用する運動

脂肪燃焼のためには遅筋を使用した有酸素運動を行うことで効果的なダイエットが可能となります。また，基礎代謝を向上させるためには筋力量を多くする必要がありますが，筋肉を効率的に肥大させるためには速筋を使用した運動をすることが重要になってきます。では，筋肉を効率よく肥大させるためにはどうすればよいのでしょうか

●**筋力アップのメカニズム**

筋力トレーニングによって筋肉がつくメカニズムはいったいどのようなものなのでしょうか？　筋肉はトレーニングや運動することによって強い負荷を受けると，今より強い力を発揮するように脳からシグナルを受けます。その命令に体が適応しようとして筋肉が肥大することで筋力がアップします。

具体的にはトレーニングによって負荷が加わると，まず筋肉内部が炎症を起こし筋線維が損傷した状態になります。この状態を筋損傷（筋破壊）と呼びます。筋損傷の筋肉を回復する時，人間の体は今よりも強い筋肉を作ろうとします。強い筋肉を作ろうとする作用が筋肉の超回復といわれるもので，これが筋力をアップするメカニズムなのです。ちなみに筋肉痛は激しい運動やトレーニングにより筋肉に起こる炎症のことであり，筋肉肥大を起こす前段階です。

筋損傷と筋肉の超回復により筋力がアップしていく訳ですが，オーバートレーニングには注意しましょう。筋肉をより多くつけようと過剰なトレーニングや運動を行うと，重度の筋損傷となり筋線維が死んでしまいます。筋損傷の筋肉を回復させるために体を休めることもトレーニングの一環です。

■鶏の癖

　家畜なくて七癖，あって四十八癖などと言うことわざがあります。「癖とは意識しないで行うちょっとした動作」のことですが，家畜にも癖はあります。癖という言葉はあまり良い意味には用いられませんが，大事に至ることもあります。

　辟という文字は罪，重い刑罰，「大辟」，避ける　などの意味があり（大辞泉），辟易（へきえき）などの言葉にも繋がります。クセはこれに疒がつくので，内容は推して知るべしでしょう。

●弱いものイジメ

　鶏には2つの癖があります。1番目として，物をつついたり，弱い者イジメをする習性で，「尻つつき」や「食羽（しょくう）」と呼ばれるもので，仲間の尻をつついて出血させ，ついには腸までも引出して殺すまでいたぶる鶏もいます。この対策として，①飼育密度を緩和する，②嘴の先端を電気切断するデビーキング（断嘴（だんし））を行う，③鼻メガネをかけ真正面を見られなくするなどがあります。

　＜断嘴＞断嘴はデビーカーと呼ばれる機械で，上下の嘴を1/3程度切り取りますが，下嘴を少し長めに残し，受け口のような状態にします。断嘴により，「尻つつき」の悪癖が防止され，飼料の掻（か）き出し（この行動も悪癖の

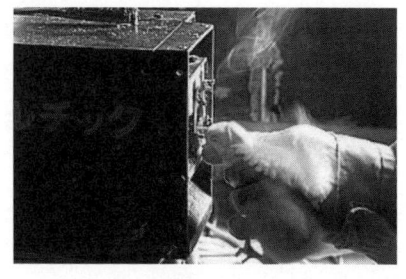

デビーカー

1つといえます）を防ぎ飼料のムダが少なくなります。断嘴により一時的に発育や産卵の停止が起きることもあります。また，飼料は食べにくくなるので，粉餌（ふんじ）の不断給与とし，水も飲みにくくなり，垂れた水で飼料が変質するので注意が必要となります。なお，動物福祉の立場から，諸外国では断嘴は推奨された方法とはいえませんが，わが国では一般的な方法となっています。

<鼻メガネ>鼻メガネは競走馬に遮眼帯（しゃがんたい）と呼ばれるマスクをかけ，視野を狭くして走ること意外への関心を阻止し，注意を真正面だけに向け，全力疾走させるのと理屈は似ています。ただし，鼻メガネは両脇と前下は見えても，真正面は見えないので，仲間の鶏をつつくことができません。古典的な方法ですが，飼料の自由摂取は可能です。「尻つつき」の原因は過密飼育，不適当な温度や湿度環境，栄養条件の不備やストレスにあるとされています。これらの原因を可能な限り除去することが根本的な対策といえます。

鼻メガネ

遮眼帯

●食卵

2番目の癖として，「食卵癖（しょくらんへき）」というものがあります。これは自分が産んだ卵だけでなく，仲間が産んだ卵までも殻を啄（つ）き破り食べてしまう悪癖です。この対策として，①産卵箱に擬卵（ぎらん：作り物の卵）を入れ，卵は食べられないものと学習させる，②薄皮卵や軟卵を産ませないように飼料を調整する，③産卵箱が不足すると巣外で産むので，不足を補充する，④巣箱の底に穴を開けて，産卵したら外へ転がるように細工するなどの工夫が求められます。

癖を簡単に考えず，何かの警戒信号と思って家畜と接するようにしなければなりません。

■鶏の羽と豚の毛の処理

急に無性に何かを食べたくなることありませんか？冬にミカンではなく，ミカンの缶詰が食べたくなりました。この缶詰ですが，自分の子供

時代には「薄皮は1つずつ手で剝くので大変だろうな」と思っていました。実際には，瓢囊（じょうのう）と呼ばれる薄皮は，工場では0.7％前後の塩酸で30分程度かけて溶かされ，その後0.3％の苛性ソーダで15分程度かけて酸を中和するそうです。もちろん両剤とも食品添加物として認可されています。

さて，前置きが長くなりました。鶏の羽や湯むき処理の豚毛が，どのように脱羽，あるいは脱毛されているのかが気になり，調べてみました。

●鶏の処理

鶏のと殺解体は「食鳥処理の事業の規制及び食鳥検査に関する法律（食鳥検査法）」で，食鳥処理場で行わなければなりません。養鶏場から処理場に運ばれた鶏は生体検査に合格した場合に，と殺され，放血後に脱羽が行われます。日本での処理は温水浸漬法という方法で，温水に漬け（60℃，1分），毛穴が開いたところを機械で脱羽します。この羽をむしる機械を脱羽機と呼んでいます。なお，海外ではドライピッキングといって温水に漬けずに脱羽するところもありますが，毛が少し残ったりして見た目が悪いので，日本人には好まれません。

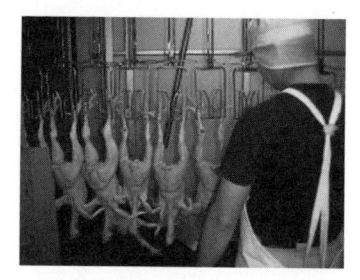

脱羽して脱羽後検査が行われ，問題がある場合には内臓器摘出が禁止されます。内臓摘出されたものは内臓摘出後検査を受け，場合によっては全部廃棄，一部廃棄となりますが，これ以外の多くの個体は必要に応じてカットされ出荷されます。これらの検査は獣医師の資格を持った食鳥検査員が行います。

4. 鶏に関するはなし

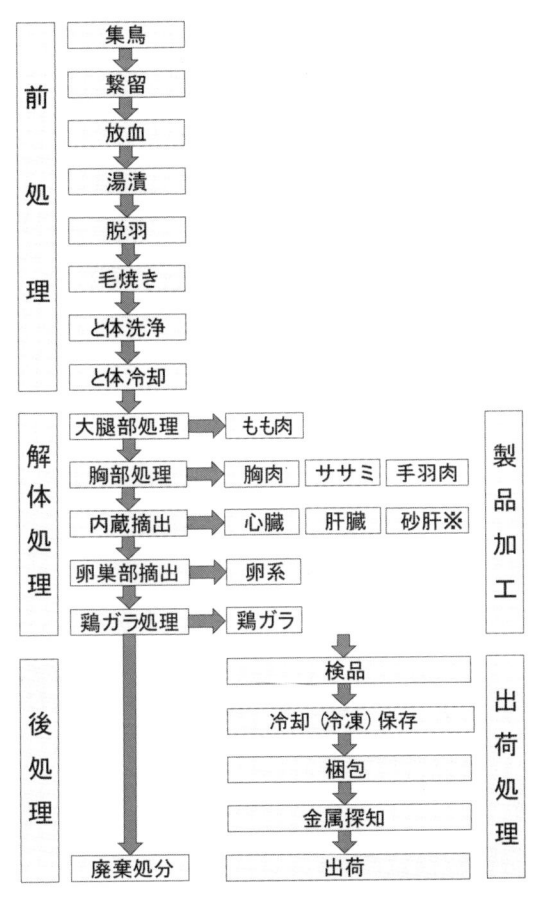

```
前処理  ┌ 集鳥
        │  ↓
        │ 繋留
        │  ↓
        │ 放血
        │  ↓
        │ 湯漬
        │  ↓
        │ 脱羽
        │  ↓
        │ 毛焼き
        │  ↓
        │ と体洗浄
        │  ↓
        └ と体冷却

解体処理 ┌ 大腿部処理 → もも肉
        │ 胸部処理   → 胸肉  ササミ  手羽肉
        │ 内蔵摘出   → 心臓  肝臓   砂肝※
        │ 卵巣部摘出 → 卵系
        └ 鶏ガラ処理 → 鶏ガラ

後処理  → 廃棄処分

出荷処理 ┌ 検品
        │  ↓
        │ 冷却（冷凍）保存
        │  ↓
        │ 梱包
        │  ↓
        │ 金属探知
        │  ↓
        └ 出荷

製品加工
```

食鳥処理作業工程

●脱羽処理

　温水から出した個体は脱羽毛機（ドラムピッカー）で脱羽されますが、この機械は洗濯機のようなもので、投入された鶏は回転しながら羽が抜き取られます。運転中は上部から水が注入され、遠心力によって羽は下方から排出されます。なお、内部には突起状の上のゴムが林立し、個体が当たる

＜ドラムピッカー M1＞
（石井製作所）

37

家畜・動物編

ことによって脱羽が進みます。なお，大型の食鳥処理場でも小型のものと同様な原理でラインを通過することによって脱羽がなされます。

●豚の脱毛処理

関東では皮はぎ，関西では湯はぎ処理が一般的です。食文化の違いからでしょうが，東坡肉（トンポーロウ）などは後者のものが抜群に美味しいと思います。皮はぎは残毛の心配はほぼありませんが，湯はぎの場合の脱毛はどうなっているのでしょうか。

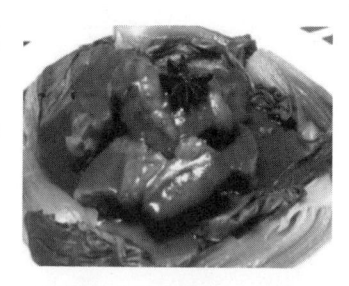

トンポーロウ（東坡肉）：上海料理

放血と体は，懸垂されたまま蒸気湯引きトンネルという場所に入り，62℃に保たれた飽和蒸気の中を約7分間かけて移動し，脱毛前処理を行います。蒸気は純粋処理された水を使用することにより，温度管理が正確となり，残毛が少なく，きわめて衛生的に処理されます。

＜脱毛器＞（花木工業）

次に，と体は約60℃の一定温度に保たれたトンネル（毛抜きトンネル）の中で，特殊な回転爪を利用して脱毛されます。この段階の残毛率は2～3％以下となります。

そして，毛焼き室に移動し，バーナーで残毛を焼き，毛は無くなり，最終的に殺菌目的で再度，焼かれます。

その後，手足および頭部切断，内臓摘出を行い，背割り処理工程を経て，半丸枝肉の状態となり，急速冷蔵処理されます。なお，この間に必要なと畜検査がなされ，食肉として流通するようになります。

＜残毛焼きバーナー：内部＞（花木工業）

4. 鶏に関するはなし

<と畜検査>
(内臓検査)

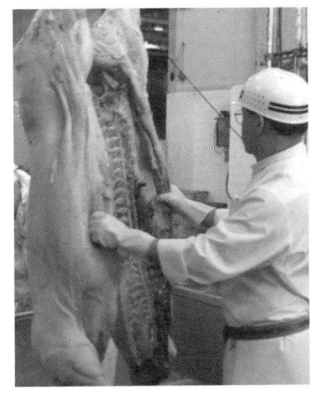

<と畜検査>
(枝肉検査)

■なぜクリスマスにローストした七面鳥や鶏を食べるのか？

　日本でのクリスマスでは鶏の丸焼き（ローストチキン），ケーキがイメージされます。なぜ，クリスマスに七面鳥やローストチキンを食べるのでしょうか。

　中世のヨーロッパではご馳走といえば，豚，猪，羊といった四足（よつあし）の家畜が主でした。祭りやお祝いには，口の中にリンゴやオレンジを詰めた豚の頭がテーブルに鎮座していたそうです。

ローストターキー

　1492年にコロンブスがヨーロッパ人として初めて西インド諸島を発見し，その後1620年にイギリスからの清教徒（ピューリタン）がメイフラワー号でアメリカへ移り住んだことは有名な話です。ヨーロッパからアメリカ大陸への移動が始まった訳ですが，未開の地には彼らが食べ慣れた鶏は1羽もいなく，豚の飼育も容易ではなかったようです。そこで人々は野生の七面鳥（ワイルドターキー）に目をつけたのです。清教徒たちは神様が鶏の代わりに下さったものなので，大切にしてクリスマスの時だけに食べるようになったそうで

39

す。また，アメリカの祝日で11月の第4木曜日は感謝祭という日がありますが，こんな逸話があります。住み慣れない土地で清教徒が寒さと飢えで苦しんでいたのを気の毒に思った先住民であるインディアンが食べ物を分け，農作物や家畜の育て方などの知恵を彼らに授けました。翌年は彼らも豊作に恵まれたので，神に感謝し，死んでいった仲間を偲び，インディアンにも感謝したことが発端となり1789年に祝日になったそうです。この時にも七面鳥は欠かせないご馳走になります。

　七面鳥のルーツですが，もともとは中南米のメキシコ，北米のロッキー山脈，フロリダ半島付近に棲息していたものが原種とされます。また，その品種は大別してブロンズ，パフ，ホワイトホーランドの3つとされます。その後，ヨーロッパに渡り，ヨーロッパ各地で，結婚式やクリスマスなどで食べられるようになってきたという説が有力です。

　さて，日本にはオランダから輸入されたようですが，鶏と比べ大型（小型種でも10kg前後）で，価格も高いので日本人にはなじまれず，クリスマスの定番はローストチキンになったようです。

　七面鳥の栄養成分ですが，脂質は鶏肉の1/3の6g程度（可食部100g当たりの），カロリーは同じく2/3の140kcal程度です。成人病が気になる向きには適した肉でしょうか。

　余談ですが，アメリカの国鳥は白頭鷲（はくとうわし）だということはよく知られています。建国の父であるベンジャミン・フランクリンは七面鳥を国鳥とすべきと主張しましたが，彼の意見は通らなかったので，大統領専用機エアーホースワンやホワイトハウスの記者会見の壁面には七面鳥の姿は見られません。

5. 羊に関するはなし

　羊（めん羊）は山羊とともに最も早い時期に家畜化された反すう動物です。その起源は今から約8,000年～10,000年前の西アジアで，これらは犬を使って家畜化が行われたといわれています。
　羊がきわめて早い時期に家畜化された理由は，人間が利用できない草類を効率よく動物性タンパク質に変換できる反すう動物であることや，比較的小型で群居生が強いため，管理しやすい動物であったことが挙げられます。さらに，野生羊が生きるために身につけた特性が人間の生活にとってきわめて有用なものであったことが，大きな要因と考えられます。
　羊は毛皮，肉，乳までも利用可能で話題もつきません。

■羊肉の不思議

　季節，場所，年代，集まりの内容を問わずに焼肉・・・この機会は増えてきます。ここではヘルシーな肉として注目を集めている羊肉に触れてみましょう。羊肉に含まれる栄養素は豚肉に近似します。脂肪が少なめで，鉄分が豊富，消化が良いことから，女性に多い冷え性や貧血，生理不順などにも効果を発揮するようです。

●羊の主な品種

　羊は世界各地で飼養されていますが，主要目的は羊毛および羊肉生産で，地域によっては羊乳（主にはチーズの原料），毛皮生産も行われています。肉用で代表的なのはイギリス原産のサフォーク種で日本を始め世界各地で飼養されています。他に肉用ではサウスダウン種，毛肉兼用のコリデール種などがあります。採毛用としてはメリノー種が代表格です。羊は種類が多く，確認されているものだけで3,000種以上とされています。

41

コリデール　　　　　　サウスダウン

サフォーク　　　　　　メリノー

●羊肉の需要と供給

日本国内で年間3～4万tが消費されていますが、国民一人当たり300～400gほどに過ぎません。牛肉6kg、豚肉12kg、鶏肉11kgに比べるといかに少ないのかがわかります。他はアメリカ0.5kg、中国2.0kgで、消費が多いのはサウジアラビア12.5kg、オーストラリア17.6kg、ニュージーランド28.9kgが挙げられます。宗教的な理由でサウジアラビアの消費が多く、オーストラリアとニュージーランドは世界的な羊毛産地といった背景によるものとされます。

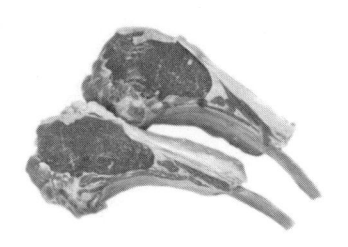

骨付きラム肉（ロース）

日本で消費される99％以上はオーストラリアとニュージーランドからの輸入です。

国内では北海道、遠野（岩手県）、成田（千葉県）、信州新町（現在は長野市に編入：長野県）、高知（高知県）などが他の地域よりもジンギスカン店が多く、消費も多いようです。

●羊のと畜と解体

　肥育を完了した羊は、と畜場に運ばれ、と畜解体が行われ、と畜検査員による検査の後に食肉として出荷されます。

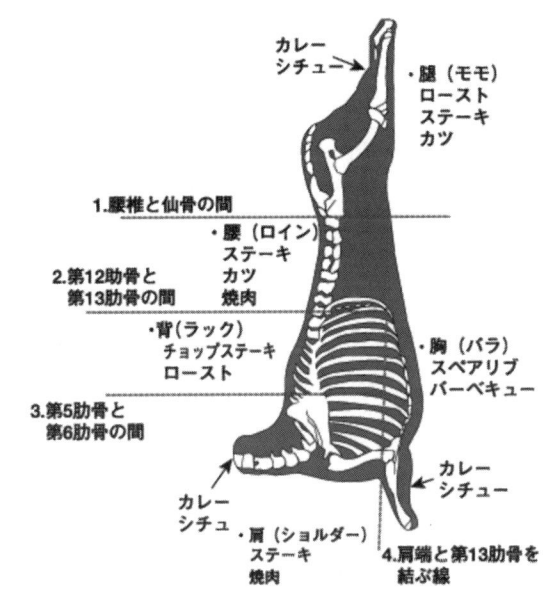

　と畜：と畜は喉に並行して走る左右の頸動脈を切って放血します。次に四肢の先端を関節の部分で外し、剥皮（はくひ）されます。日本のと畜場では通常、皮剥ぎはすべて刀を使って行われます。皮に傷をつけずに利用するためには、刀は皮を剥ぐきっかけを作る時だけに留め、後

羊の枝肉分割と各部位の用途（畜産 Zoo 鑑より）

は握り拳（こぶし）を皮と肉面の間にねじ込むようにして行う方法が勧められます。皮剥ぎが終われば、腹部を切り開いて腎臓以外のすべての内臓が取り出されて枝肉が完成しますが、日本ではこれをさらに背割りして、左右の枝肉に分けられます。

　解体：内臓については、レバーやタン、胃なども食材として利用できますが、ほとんど流通がなく、自家用に持ち帰る以外は廃棄されているのが現状です。

　枝肉は通常、丸1日冷却された後に解体が行われます。解体の方法は、そのままの状態で除骨したり、いくつかに分割するなど、肉の利用法によって違いがありますが、一般に肩（ショルダー）、背（ラック）、腰（ロイン）、腿（モモ）、胸（バラ）の5区分に分割され、それぞれの部位に適した料理に向けられます。

●羊肉の等級

羊の肉は年齢によって価値が大きく異なるため,顧客に対して商品を保証するために格付けの仕組が発達しました。ミルクフェドラム milk-fed lamb,ラム lamb,マトン mutton に大別され,定義は国によって異なります。ミルクフェドラムは一般的に生後4週間から6週間の哺乳中の子羊の肉を指し,肉は最も軟らかいようです。ラムは生後12ヶ月で永久門歯がない雄または雌の羊で,肉質はマトンに比べ淡く,美味です。マトンは生後2年から7年くらいまでの成羊で,肉はやや硬く,独特の風味があります。

●羊肉の栄養の特徴

脂身つきのロースの成分を羊肉(マトン)と豚肉を表に比べました。冒頭にも述べたように何となく羊肉はヘルシーな感じがします。

そして何より注目なのが,羊肉に多く含まれる「カルニチン」です。カルニチンには脂肪燃焼を助ける働きがあります。カルニチンは,つい最近まで医薬品として使われていた物質で,体内に含まれるアミノ酸の一種です。カルニチンは細胞内にあるミトコンドリアに脂肪を送り込み,脂肪を燃焼させるためには欠かせない成分です。カルニチン自体は,肝臓や腎臓でも作ることができ,食品では,羊肉やカツオ,マグロなどに比較的多く含まれています。カルニチンが不足すると,ミトコンドリアに脂肪を送り込むことができないため,脂肪が十分に燃焼されず,体内に溜まる一方になってしまいます。このような理由で,カルニチンを多く含む羊肉は,ダイエット効果があると注目されています。また,羊肉の脂肪の融点は他の肉に比べて高いため,体温では脂肪が溶けずに消化されにくいという利点もあります。このような理由から,羊肉は,ヘルシーな肉として注目を集めている訳です。

ロース部位での成分の比較(100g 当たり)

	脂 質 (g)	タンパク質 (g)	鉄 (mg)	カロリー (kcal)	ビタミン B2 (mg)
マトン	16	18	2.3	227	0.22
豚肉	23.2	22.8	1.1	293	0.15

●羊肉はなぜ臭うのか

羊肉，とくにマトンには独特の臭気があります。ジンギスカン好きは「この臭がたまらない!!」と思っているはずですね。これは飼料として食べた草に起因するカプリル酸（ヤシ油，山羊乳脂中にもグリセリドとして存在），ペラリゴン酸（油脂の酸敗物中に存在）などのように炭素数の少ない脂肪酸（C10以下）が原因です。草を食べる期間の短いラム肉は臭いが少ないようです。なお，羊肉は肥育しても牛の霜降りのようなマーブリング状態にはなりません。

さらに，羊肉の脂肪融点（豚：30～46℃，牛：40～50℃，羊：44～51℃）は豚や牛よりも高く，水分は牛肉よりも少なく，脂肪含量が多いことも特徴です。羊肉は脂身に強い臭いがあるので，余分な脂肪を取り除き，調理・加工します。冷めると臭いが強くなってしまうので，熱いうちに食べる工夫が必要です。

●食のタブー

羊肉は外国では牛肉や豚肉よりも珍重され，フランス料理や晩餐会などの高級料理の食材として用いられています。世界を見回してみると，食物のタブーが意外に多いことに気づかされます。かつての日本も，肉食を「なまぐさもの」としてなるべく避けるようにしてきましたし，ヒンズー教は今も牛を「聖なる動物」として食の対象にしません。イスラム教徒は豚を「穢（けが）れた存在」として近づけることもしませんし，ユダヤ教徒は「ひづめが割れているが反すうしない」という理由で馬や豚を口にしません。彼らはまた，「海や川にいるものの中で，ヒレやウロコのないものは食べてはならない」という戒律から，クジラやイカ・タコ類を食べるこ

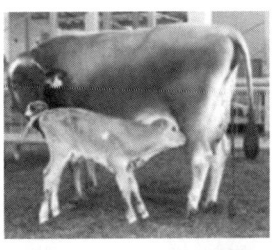

とも嫌います。欧米各国で捕鯨バッシングが行われている背景には，単なる憐憫（れんびん）や国際的発言力の話以上に，それらの国に食い込んだユダヤロビーたちの宗教的反発があるといわれています。キリスト教は例外的に食にタブーを設定しない宗教ですが，その分派である「セブンスデー・アドベンティスト（キリスト再降臨派）」はあらゆる肉食を禁じています。

なお，世界人口の33％はクリスチャン，22％はムスリム，13％はヒンズー教徒，6％は仏教徒といわれています。

●宮中での晩餐会

日本の宮中で皇室主催の晩餐会となると，決まって御料牧場の羊が用いられることはよく知られています。なお，宮中晩餐会とは海外からの国賓や公賓の来日に際し，皇居で開催される晩餐会のことで，会場は皇居内の「豊明殿」で行われるのが通例です。BGMは生演奏で，食事の原則はフランス料理のフルコース，デザートの原則は富士山型のアイスクリーム，酒類としては白ワイン，赤ワイン，シャンパン，日本酒，コニャック，リキュール，ウイスキーなどが機に乗じてセレクトされ，提供されているそうです。

宮中での晩餐会

富士山型アイスクリーム

さて，海外からの賓客を招く場合，どのような苦労があるのでしょうか。まず，該当国の食習慣や宗教について把握する必要があります。海外の情報を収集するために海外には大使館，

総領事館，政府代表部があります。余談ですが，大使館は基本的に各国の首都に置かれ，その国に対し日本を代表するもので，相手国政府との交渉や連絡，政治・経済その他の情報の収集・分析，日本を正しく理解してもらうための広報文化活動などを行っています。また，邦人の生命・財産を保護することも重要な任務です。総領事館は世界の主要な都市に置かれ，その地方の在留邦人の保護，通商問題の処理，政治・経済その他の情報の収集・広報文化活動などの仕事を行っています。また，政府代表部は国際機関に対して日本政府を代表する機関で，国際連合，ウィーンにある国際機関，ジュネーブにある国際機関と軍縮会議，OECD（経済協力開発機構），EU（欧州連合）に対する政府代表部があります。海外から賓客を招く場合，これらの在外公館が情報を外務省，宮内庁に提供することになります。以上のような理由で畜肉は羊が最も無難であり，多く用いられているようです。鳥類については畜肉ほどは厳しい戒律はないようですが，カモ肉がよく用いられているようです。

御料牧場の正門

なお，羊などは御料牧場で大切に育てられ，宮内庁からのオーダーに応じ，適宜，と畜解体され，と畜検査も行われ，専用の運搬車で皇居の大膳課（宴会料理はもちろん両陛下の日常食を調理する）と呼ばれる部署に運ばれ，調理に供されます。これらのと畜・解体・と畜検査はすべて御料牧場内の施設で行われています。国内で消費される畜肉のうち牛，豚，馬，羊，山羊については全頭について，と畜検査が法律によって義務づけられていますが御料牧場に勤務する国家公務員である獣医師が県（栃木県）から「と畜検査員」の辞令を受けています。

また，御料牧場で生産される食料品は本来，すべて皇室（皇族の食事，晩餐会や園遊会などの宮内庁行事）で利用されるもので，一般に出回ることは通常はありません。しかし，2011年3月11日に東北地方太

平洋沖地震が発生，それにより多くの犠牲者や被災者が出たことから，被災者の身を案じる天皇・皇后の意向で，御料牧場で生産された卵，豚肉，サツマイモなどの食料品が支援物資として避難所へ提供されたことがありました。

●ジンギスカン

羊が家畜化されたのは紀元前8000年頃とされています。ヨーロッパでは時には牛や豚よりも上等な食材とされることもあります。

日本では昭和20年代に羊肉を食べるようになり，ラムが定着するようになってきたのは昭和40年代と比較的新し

ジンギスカン（鍋）

いのには驚きます。ここでは羊肉の料理に関する話題をお伝えしましょう。

中央が凸型に盛り上がっているジンギスカン鍋を熱して羊肉と野菜を焼き，羊肉から出る肉汁で野菜を調理しながら食べる焼肉料理。現在は日本各地で食べられていますが，元来は北海道の郷土料理で，肉に味をつけないで特製のタレで食べる方法もあります。味つけ肉を食べるのが主流なのは旭川市や滝川市で，

ちゃんちゃん焼

石狩鍋

烤羊肉（北京にて）

チンギスハーン

焼いてからタレで食べるのが主流なのは札幌市，函館市，室蘭市，釧路市などの北海道南部，北海道東部の海岸部とされています。2004年に北海道遺産の1つに選ばれ，2007年には農林水産省により農山漁村の郷土料理百選に，「石狩鍋」や「ちゃんちゃん焼き」とともに北海道を代表する郷土料理に選ばれています。

その発祥は日本軍の旧満州（現中国）への進出に関係し，中国料理の「烤羊肉（カオヤンロウ）」に影響を受けたとされています。ジンギスカン（成吉思汗）という料理の名は，源義経が北海道経由で蒙古に渡って成吉思汗となったという伝説から想起しています。

なお，2005年頃からBSE問題による牛肉離れの影響で，ヘルシーイメージのある羊肉は日本全国でブームとなりましたが，ブームが下火となった2010年頃にはオーストラリアやニュージーランドからの羊肉輸入が大きく減少し，牛肉や豚肉の価格下落もあり相対的に羊肉が割高になったことから，北海道でもジンギスカン離れが指摘されるようになってきましたが，次第に復活してきました。

●ロウ麺

炒肉麺（チャーローメン）とも呼ばれ，マトンなどの肉と野菜を炒め（炒肉），蒸した太めの中華麺を加えた長野県伊那地方の特有の麺料理です。ラーメン用のスープを加えるものと，加えないものがあり，味はラーメンとも焼きソバとも異なる独特の風味です。薬味の定番は，一味または七味唐辛子で，好みに合わせ，ソース，酢，ゴマ油，ラー油，おろしニンニク等を加えます。このようにテーブルクッキングとして，自分に合った味作りが推奨されています。

ロウ麺

その発祥は戦後，伊藤和弌（いとう わいち）という人が東京・横浜で修行後，郷里の伊那で小さな中華料理店（萬里）を開きましたが，当時は冷蔵庫がまだ一般的でなく，仕入れた生麺を翌日まで保存できない

ロウ麺発祥の地・記念碑

ため，麺の保存法に苦慮し，試行錯誤の末，麺を蒸すことで日持ちさせる技法を考案しました（今でいう蒸麺）。この麺に周辺で多く栽培されていたキャベツとこれまた羊毛生産のため盛んに飼育されていた羊の副産物のマトンが活用され，塩漬け肉にして日持ちさせたものが使用されました。ロウ麺の名称の由来ですが，初期には，炒肉麺（チャーロウメン）と称して販売されたようですが，中国語で炒肉麺は豚肉を使った焼きソバが想像されるため，炒羊肉麺（チャーヤンロウメン）と呼ぶ方が当初の実態に近いようです。諸説ありますが，最終的には普及の過程で「チャー」と「ヤン」がとれ，「ロウ麺」という名称が定着したようです。

伊藤は地域発展を念頭に「ロウ麺」の名称使用を自由にしたので，ロウ麺は周囲の店にも広がり，その過程でスープ式のロウ麺以外に，焼きそば式のロウ麺も出現し，さらには地元の一般家庭料理や学校給食にも取り入れられるようになりました。1994年，伊那市もロウ麺を町興しの起爆剤に取り上げ，ローメン委員会（現ローメンズクラブ）を設立，萬里本店近くには，2004年にロウ麺発祥の地の記念碑が建立されました。なお，地元では6月4日を「蒸し」と読ませる語呂合わせで，ロウ麺の日とし，普段より安くロウ麺を提供しているそうです。

著者も仕事で信州大学農学部にある教授を訪ねた際に，昼時となりロウ麺をご馳走になった記憶があり，「風変りだが美味しい食べ物」の印象がありました。

■羊毛・毛糸の不思議

畜産物といえば乳，肉，卵はすぐに思い浮かべるでしょうが，皮や毛については論じられることが少ないように思われます。ここでは羊毛・毛糸につい

て触れてみましょう。

「羊毛」について畜産大事典（養賢堂）の索引には3ヶ所のマークがあり、ヒツジとヤギに関する項目に取り上げられています。「羊毛は羊からとった毛で、柔軟で保温性・吸湿性に富み、毛糸・毛織物の原料とする（大辞泉）」と定義されています。

●皮膚と毛の構造

ヒツジの皮膚は、粗毛 hair と羊毛 wool で被われています。粗毛は毛の中心に芯があり、固く、ピンとしていて皮膚を保護する役割をします。ヒトの毛髪と同じように一度に生え代わらず抜けるまで伸び続けます。もう一つは下毛（羊では羊毛）という柔らかい毛で、粗毛の下にあり、芯がなく、空気が入っていて、冬期の寒さから身を護っています。寒冷地の動物でよく発達し、これは夏に抜け、秋になると生え代わります。毛を取るための羊には粗毛に芯がなく、柔らかで、下毛も生え続けるように改良されています。

●毛糸とは

毛糸とはヒツジの毛を用いた糸のほか、ヤギ毛、ラクダ毛、アンゴラウサギ毛、ラマ毛、アルパカ毛、モヘア毛、牛毛などの繊獣毛を原料として紡織した糸の総称（日本大百科全書）と定義されています。

ヤギ	ラクダ	アンゴラウサギ
ラマ	アルパカ	モヘア

51

つまり，これらを糸にした時は，それぞれの原料名を付し，羊毛糸，ラクダ糸などと呼ばれます。また用途によって，織り糸，メリヤス糸，手編み糸，敷物用糸に大別されます。毛糸は紡績する方法によって，大きく梳毛糸（そもうし）と紡毛糸（ぼうもうし）とに分けられます。

●梳毛糸

約1 inch（2.54 cm）以上の比較的長い，品質の良い羊毛糸を使った糸で，サージ，ポーラ，ギャバジンなどの服地に使われる原糸は，主に梳毛糸で，メリヤス糸，手編み糸なども含まれます。梳毛紡績は品質により梳毛糸用を，(1) 選別，(2) 原毛の脂分・ふん尿などの不純分を石鹸とアルカリで洗毛，(3) 梳毛機にかけて毛を伸展・平行とし，毛の配列を整え（これをトップと呼ぶ），(5) 精紡を経て糸が完成します。

●紡毛糸

紡毛糸は比較的短い原毛，梳毛紡績工程で生じる不良の原毛，または毛織物や毛メリヤスのボロから回収した再製毛などを混ぜ合わせて原料とし，紡績した糸をいいます。繊維が平行でなく，糸の表面が毛羽立っているので，梳毛糸よりも弱く，外観も見劣りしますが，縮絨性に富むので，縮絨・起毛をして織物組織を見えないように仕上げる織物の原糸に適しています。メルトン，フランネル，ラシャ，毛布など厚地のものは紡毛糸を原料としています。工程は，(1) 塵埃除去，(2) 原料準備，(3) 繊維の方向を揃え（これをカーディングと呼ぶ），(4) 精紡するために，精紡機を用い，糸を適当に引き伸ばして撚（よ）りをかけて，糸が完成します。

●アムンゼンとスコット

今から100年ほど前に，南極大陸一番乗りで，イギリス人のスコットとノルウエー人のアムンゼンが競争したことはよく知られています。当初はスコットの方が有利でしたが，アムンゼンは1911.12.14に，スコットは1912.1.17にそれぞれ南極点に到達しました。アムンゼンは生還し，スコットは生還し得ませんでした。

その最大の理由として，スコットは耐水性に劣る牛革を重ねた防寒着

5. 羊に関するはなし

の着用だったのに対し，アムンゼンは耐水性に優れたアザラシの毛皮の防寒着を着用していたとのことです。

ロバート・スコット
（1868〜1912 英国）

ロアルド・アムンゼン
（1872〜1928 ノルウェー）

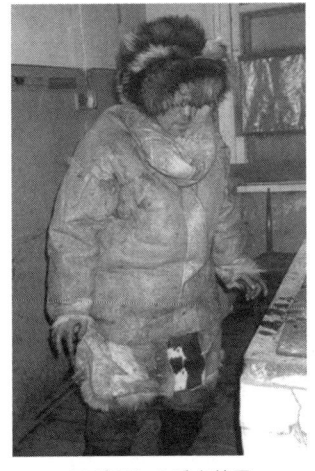

アザラシの毛皮着用

南極への道のり
（左：スコット／右：アムンゼン）

●国際羊毛事務局

国際羊毛事務局……聞いたことありませんか？このマークはウール製品にはついています。

国際羊毛事務局 IWS は，1937 年にオーストラリアの発案でが設立（本部：ロンドン）されました。他にニュージーランド，南アフリカ，ウルグアイなど南半球の羊毛生産国を加え，1964 年から「ウールマーク」による純毛製品品質保証

WOOLMARK
ウールマーク

53

業務を開始しました。各国の羊毛生産者および政府の拠出資金をもとに非営利組織として，世界の主要企業と共同でウールの国際的販売促進活動を行ってきました。

その後，1997年2月本部をメルボルンに移し，オーストラリアン・ウール・サービスの子会社となり，98年7月には国際羊毛事務局からザ・ウールマーク・カンパニーに社名を変更しました。さらにその後，2007年，オーストラリアン・ウール・イノベーション（AWI）が，ザ・ウールマーク・カンパニーの主要資産を買い取り，シドニーに本社を移転，経営統合作業に入りました。

●羊毛以外の毛

ところで，ヒツジ以外の毛の性質はどうなっているのか，また，産毛性はどうなっているのか，ここではそのあたりのことについて，触れてみましょう。

「羊毛」（wool）以外にはどのような毛があるのでしょうか。ヤギ，ラクダ，ウサギに大別されます。これらは羊毛に対して獣毛と呼ばれています。

ヤギはモヘヤとカシミヤに分かれ，それぞれはアンゴラゴートやチベットヤギ，カシミヤヤギから得られます。ラクダはキャメル，アルパカ，ビュキューナに分かれ，それぞれはフタコブラクダ，アルパカ（別名パコ），ビュキューナ（ビクーニャ）から得られます。ウサギはラビットがアンゴララビットから得られます。

毛の特徴は，モヘヤは繊維が長く，弾性があり，縮まず，白，黄，銀などの毛色があります。カシミヤは柔らかく，繊維が短く，白，灰，褐，薄紫などの毛色があります。キャメルは柔らかく，滑らかで，暗褐，赤茶，灰などの毛色があります。アルパカは滑らかで弾性があり，褐，黄，灰などの毛色があります。ビュキューナは繊維が細く，縮まず，茶色です。ラビットは軽く，毛が抜けやすく，白系統中心の毛色です。

●羊の種類

現在，世界中で飼育されている羊の数は約 10 億頭，種類は 3,000 余種といわれています。その産毛量は洗い上げベースで 123 万 t，全世界で生産されているすべての繊維の 2% を占めています。

羊毛用の主な品種はメリノー種ですが，これは羊の代名詞にもなっています。オーストラリア，フランス，ニュージーランドの国名を冠した 3 品種が代表です。その他として，コリデール，サフォークなどは馴染みがありそうです。

●毛の性質と産毛性

北海道滝川畜試（現在は廃止）で，4 種（サフォーク：S，ポールドセット：P，チェビオット：C およびサウスダウン：D）の雌雄羊 2,500 頭余りを使った大規模な試験がかつて行われました。

結果は雌雄の差は少なく，毛長は 2 歳で最も長く，年齢とともに短くなる傾向を認めました。全体では C，S と P，S の順でした。毛量は，雄は 2 歳が少なく，3〜4 歳で多いのに対し，雌では 2 歳で多く，加齢により少なくなる傾向でした。毛の太さは C（雌雄：54 番手），S（雄：54〜58 番手，雌：56 番手），P（雄：56〜58 番手，雌：54〜56 番手），D（雌雄：60 番手）で，D が最上級でした。

なお，この番手という単位は聞きなれませんが，1 ポンド（約 450 g）の洗毛から，560 ヤード（約 512 m）の糸のかたまりがいくつ作れるかという単位で，大きいほど繊細で良質であることを意味します。また，毛の性質で羊を細毛種，粗毛種，長毛種，短毛種と区分することもあります。

●毛刈り

年一回，春に毛刈りは行われます。羊毛は羊独特の生産物です。きれいに飼い，きれいに刈り取ることによって，ゴミとして扱われていた羊毛が高価なものになります。

毛刈りの様子（ニュージーランド）

毛刈り前に、①当日の飼料は与えない。腹部圧迫で、暴れる原因となります。②毛刈り前に削蹄をしない。羊が暴れた時、爪でケガをしやすくなります。③雨の日は避ける。雨は肺炎の原因で、湿った毛では品質は下がります。④毛についているワラやエサなどの爽雑物はこまめに取り除きます。⑤バリカンのコードは意外とじゃまなので、上からコードをたらす工夫をします。⑥毛刈の場所は板の上が最適です。板ならば脂で滑べらずに、毛刈り作業が容易です。⑦羊体や毛が汚れないように周囲に気を配ります。

●ヤギの毛刈り

セーターやジャケットなどの毛糸物を着る時期に思い出します。羊の毛刈りは大変そうだ……、ヤギも羊と同じような方法で毛刈りをするのか？今度はこのあたりのことについて、触れてみましょう。

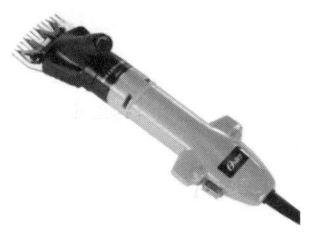

毛刈り用電動バリカン

ヤギも春先には毛刈りをします。沙漠緑化の仕事で出かけている中国内蒙古で5月上旬にヤギの毛刈りに遭遇しました。ヒツジでは急所を押さえ込み、ハサミやバリカンで、いわゆる毛刈りをします。これに対してヤギは四肢をロープで縛り、最初は外側の太い毛を大まかにハサミでジョキジョキと刈り込みます。その次にフォーク状のクシでこそぎ取るような状態で仕上げをやっていました。刈り取った毛はズタ袋に入れ、それを専門の業者がトラックで回収に来て、重量で買上げるそうですが、中には袋の中に石や砂を入れ込み、重量をごまかす牧民もいるそうです。

ヤギの毛刈り風景（中国・内蒙古）

●羊の毛刈りの画期的方法

見るたびに大変そうだと思う毛刈りですが、「カツラの脱着のように、セーターを脱ぐように毛刈りができれば楽だろう」と毛刈りのシーンに

遭遇するたびに思っていました。なんと，そのようなことが現実となってしまいました。

醤油メーカーの老舗のヒゲタが開発した薬剤です。醸造関係の会社では醸造だけでなく，バイオ開発に取り組んでいる会社が多数あります。1986年にノーベル医学生理学賞を受賞したアメリカの生化学者スタンリー・コーエンは毛の成長止め薬

ヒゲタ醤油のマーク

を開発しましたが，これは EGF（Epidermal Growth Factor）というもので，注射により毛の成長を一時的に止める効果があります。この EGF を *Bacillus* 属菌から大量培養することにヒゲタ醤油が成功しました。

EGF には皮膚の細胞を増やす効果があり，それをヒツジに注射することで，増殖した皮膚細胞に圧迫された毛穴が一時的に狭窄し，毛も細くなり，やがて抜け落ちます。注射から毛が抜け落ちるまで1ヶ月程度ですが，この毛が木の枝や柵に引っ掛って散らばらないように，Tシャツ状のネットを装着します。注射1ヶ月後にネットをはずすとヒツジの形をしたウールの

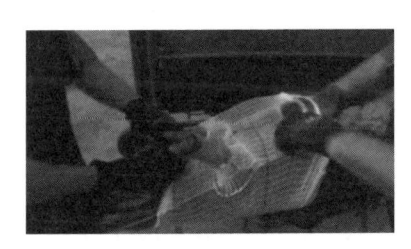

BWH での作業中風景

コートからすっぽんぽんのヒツジが姿を現す次第です。この作業により，上質なウールが取れ，ヒツジには薬害などの副作用もなく，苦しむこともありません。薬代は1頭当たり50円程度，手刈りにかかる費用の1/10と試算されます。

この方法はバイオロジカル・ウール・ハーベスティング（Biological Wool Harvesting, BWH）と呼ばれるもので，オーストラリアで開発されたまったく新しい羊毛収穫法です。現在，同国の Biological Wool Harvesting Company Pty Limited 社が BIOCLIP 事業として商業的採毛が開始され，次世代の羊毛収穫法として注目されています。なお，ヒゲタでは BWH 用の動物薬の販売は行っておらず，また日本国内では BWH 用の

57

動物薬は認可されていません。

●羊毛が抜ける品種の開発

BWH は画期的で驚きました。しかし，上には上があるものです。英国では，BWH の一歩先を行く驚きの技術が取り入れられています。英タブロイド紙デイリー・メールのオンライン版 Mail online によると，英国の牧場で，毛刈りの季節が訪れると，自然に毛皮が抜け落ちる品種の羊が開発されたそうです。

英国では羊毛価格が大幅に下落したことで，牧場経営者は羊毛販売による利益だけでは，毛刈りにかかった費用まで回収できないという悩みがありました。そのため羊の毛刈りは，牧場経営者の間で，長い間厄介もの扱いされてきました。そこで牧場経営者が注目したのが，カリブ海地域に起源を持ち，主に食用として家畜化されているバーバドス・ブラックベリー（Barbados Blackbelly）などの品種に注目しました。これらの羊の毛は二層になっており，外側は太く粗く長い「上毛（ケンプ）」に覆われ，肌に近い内側には，産毛のような短く柔らかく細い「下毛（ウール）」が生えています。

ブラックベリーなどの品種は，この下毛が自然に抜け落ちる性質を持ちます。そのため英国の牧場経営者は，これらの品種を輸入し，エクスラーナ（Exlana）と呼ばれる毛刈りの必要のない新たな品種を作り出したのです。通常の分厚い羊毛を持たないことで，エクスラーナは寄生虫に対してより耐性が強く，薬物投与の回数が少なく済むというメリットがあります。また高額な化学治療を行う必要もありません。

エクスラーナ種の羊

エクスラーナの導入により，牧場経営者は大切な時間とお金を毛刈りに費やすことなく，単に羊の毛が抜け落ちる季節を待つだけでよくなったのです。

エクスラーナの毛皮は従来の英国の羊と比べると短く薄めです。最初は首回りや足回りから毛が抜け始めます。生産される羊毛の量は，従来の羊の場合では1頭当たり最大で約9kgに対して，エクスラーナは500g程しかありません。人件費としては，羊1頭当たり年間8英ポンド（約1,540円）の節約になるそうです。これは，1頭当たりの生産量が大幅に減ることを考えると採算性には疑問もありますが，牧場経営者の間では，「英国の牧羊史至上，最大の先進的発明」として高く評価されているそうです。

■肉・毛以外の利用

羊が肉や毛に使われてきたことは多くを述べてきました。実はまだまだ，これらの他の物（皮革，羊乳および羊乳製品，ラノリン，羊皮紙）への利用のされ方がありますので，以下に述べましょう。

●革

ラムスキン，シープスキン，ムートンとして衣服に用いられています。抜群の柔らかさときめ細かさを誇る羊革は，年齢や毛質によってさらに分類され特徴も違ってきます。

ベビーラムスキン：生後半年以内の羊革。最高級の中の最高級羊革で，生後まもなく死亡した幼羊の皮は究極に柔らかく軽く，丈夫で長持ちするのが特徴です。羊革の中でも最も希少性の高い部類に入ります。

ラムスキン：生後1年未満の羊革。柔らかくきめ細かさを誇る羊革の中でも子羊革である。ラムスキンの滑らかさはズバ抜けた触り心地で，間違いなく羊革の中では最高峰の皮革として評価されます。

シープスキン：生後1年以上の羊革。強度や摩耗性には劣るシープスキンですが，その反面，毛穴が小さく薄くて柔らかい特性を持っています。さらにはシープスキンの脂質には空包が多いため断熱性・保湿性に非常に優

シープスキンのジャンパー

れ防寒衣料に広く用いられています。ムートンとしてお馴染みの羊革です。

ウールシープ：巻毛羊革。本来は羊毛を取ることを目的とし品種改良された羊の革。寒冷地で飼育されるため，防寒のために巻毛が発育し，皮下脂肪も多い。その為に強度は非常に低いが柔らかく軽い特性を持っています。皮革としてよりは毛皮としての方が商品価値があります。

ヘアーシープ：直毛羊革。ウールシープとは逆に，熱帯地方で飼育される羊の革です。そのため，羊毛は発達する必要がないので毛皮としての商品価値はほとんどありません。反面，羊革特有のきめの細かさや軽さを持っています。

●羊乳

畜産ZOO鑑には「羊乳は日本ではあまりなじみがありませんが，世界的には古くから貴重なタンパク源として利用されており，中近東，地中海沿岸および東部ヨーロッパの国々では乳用種のめん羊が飼育されています」と記載されています。

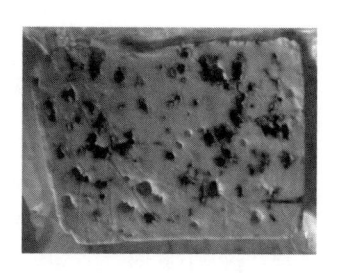

ロックフォールチーズ（スイス）

羊乳は牛乳よりも脂肪（羊：6.5〜7.5，牛：3.5〜4.5），タンパク質（羊：5.5〜6.5，牛：3.0〜3.5）が高い（％）ことが特徴です。アルプスの少女ハイジは山羊乳を飲んでいたのでしょうが，ロックフォールチーズは有名です。

羊乳のバター（フランス）　　アルプスの少女ハイジ

中国では鮮羊乳などが流通しているようですが、日本では地域限定版のようです。バター、アイスクリームも含めて、通販で入手可能です。著者もアイスを食べましたが、濃厚で美味しかったです。

羊乳のアイスクリーム（通販）

●ラノリン

羊毛は選別（選毛）作業の次に洗毛（スカーリング）を行います。つまり、羊の種類、太さ、長さなどで区分されたウールはグループごとに石鹸とソーダで洗われます。これは、ウールに含

ラノリンクリーム（オーストラリア）

まれる脂と土砂を取り除く工程です。このあと適度の水分（約18％）を残して乾燥しますが、ここでできるのが「洗い上げ羊毛」と呼ばれます。洗毛により回収された脂はグリースやラノリンに精製されます。

羊毛の根元に付着している油分をウールオイル（ウールファット、Wool fat）またはウールグリース（Wool grease）といいます。これを精製したものをラノリン（Lanolin）といい化粧品、軟膏などの原料となります。また、これとは別に肉から羊脂を取ることができ、調理用などに使用されています。

このラノリンのクリームですが、オーストラリア土産として戴いてからファンとなり長い間、愛用していました。ベトつかず、皮膚への吸収もきわめて良好でした。

●羊皮紙

羊皮紙（英：parchment, vellum）は、動物の皮を加工して筆写の材料としたもので、紙とはいうものの、定義上は紙ではありません。古代、紙の普及以前にパピルスと同時に使われ、パピルスの入手困難な土地（内陸や高地）ではパピルス

羊皮紙（印刷済）

の代わりに羊皮紙やその他の材料を使いました。

その製造工程は①脱毛，②展張・削ぎ落とし，皮を紐を使い木枠に張りつけ，肉面をナイフで強く削る。③仕上げ：乾いた皮を長方形に整えます。

パピルスは乾燥地帯では問題はないものの，非乾燥地帯ではパピルスはカビが生えるので，羊皮紙が重宝がられたようです。また，パピルスは表裏での繊維の走行が異なるために，裏面は使いにくかったようですが，羊皮紙は両面使用が可能でした。

現在でも羊皮紙を作る工房は欧米を中心に少数が残っていて，画材や外交文書・宗教文書などの儀典用としての羊皮紙を供給しています。その価格は品質により幅があり，画材店で買う場合A3ほどの子牛皮製の高級品で一枚100ドル，羊皮製で60ドル程度します。工房から直接買えばさらに安く入手可能だと思われます。

●羊腸ケーシング

ソーセージに使う天然腸には，主として，羊腸と豚腸があります。フランクフルトなど太目のソーセージを好んで食べる欧米では豚腸がよく使われるようですが，日本ではウィンナーなど比較的細いソーセージが好まれるため，羊腸が主流となっています。羊腸とは羊の十二指腸，空腸，回腸などの小腸を意味し，1束92ｍにまとめられるのを1ハンクといい，その直径によって4～5段階に区分されています。

ケーシングには天然のものと，人工のものがあります。ケーシングは通常，塩蔵又は飽和食塩水などの塩漬け品として取引される事が多いですが，小腸や膀胱などでは乾燥品もあります。

最近は新しい人工のフィルムケーシングが次々に登場しており，包装材も，多岐にわたっています。天然腸を使用したソーセージは少々形が不揃いですが，通気性，伸縮性に優れているため，肉とよく密着します。さらに天然腸の主成分である良質なたんぱく質繊維が，熱で固まることによって，あのプリッとした張りのある歯ざわりや風味を作り出し，腸詰めソーセージが愛される最大の理由となっています。

5. 羊に関するはなし

天然腸は主に，ニュージーランド，オーストラリア，中国などから，塩漬けにされた状態で輸入され，動物検疫（農林水産省管轄）と食品検査（厚生労働省管轄）を受けなければなりません。また，中国やパキスタン，トルコなどのように口蹄疫常在国からの国々からの輸入については，家畜伝染病予防法により消毒が義務付けられています。この消毒作業は「日本羊腸輸入組合」という団体が一手に行っています。

輸入された羊腸（動物検疫所にて）

● 弦楽器用の弦

バイオリンなどの弓の弦には強度の点から絹や家畜の腸が使われてきました。英語でガット弦のことを catgut と言います。そのために，楽器用のガット弦も猫の腸で作られたという説を聞くことがありますが，これはおそらく家畜を意味する cattle から cattle gut，それが縮まって catgut になったのではないかと思われます。普通の家猫のサイズではとてもガット弦に充分な長さはとれません。それぞれの地域での入手のしやすさから東洋では絹，西洋では羊腸が普及してきたようです。

イギリス NRI 社のガット弦

■ 羊のおまけの話

● 羊という名の由来

羊は古来には日本にはいない動物で，大和言葉の古名は無く，十二支に由来すると思われます。「日本釈明」には「ヒツジの時は，日の天に昇りて西へ下がる辻也」とし，ヒツジを日辻としています。

家畜・動物編

　羊は日本とは無縁の動物であったので，羊にまつわる物語は少ないのに反し，中東やヨーロッパでは羊が日常生活と結びつくことが多いので，羊関連の言葉も多く見られます。
　一方，羊という文字ですが，象形文字を考えると容易に連想可能です。関連して，美しいという文字は象形文字で羊の全体を表しているそうです。その下部の大は羊が仔を産む様を羍（たつ）という時の大と同じで，羊の後脚をも含む下体の形となります。
　また，昔の中国では羊肉は最も大切な栄養食であったので，「羊」と「食」を合わせて「養」という文字ができあがったそうです。
　羊は神様への供え物とされていたので，「美」の他にも羊を含む漢字は「善いこと」を表す「善」，「めでたいこと」を表す「祥」にも使われます。

●羊羹（ようかん）の語源は
　正月の重箱には扇形の羊羹が決まって鎮座していました。お土産で貰うことも多かったですが，子供の頃から羊羹と羊は何か関係があるのかと考えてみたことがありました。英語では a bar of sweetened and jellied bean paste と表記するそうですが，これは製法の説明のようです。

羊羹（とらや）

　どうも羊羹の語源は中国で，羊肉を煮たスープの類で羊の羹（あつもの：とろみがついている）から来たようです。できたてのスープも冷めると肉のゼラチンの作用で固まり煮凝り状態となりますが，その食感を想像してみて下さい。
　禅宗では戒律，五戒（注：殺すこと，盗むこと，よこしまな性関係を結ぶこと，嘘をつくこと，酒を飲むことの5つの戒め）により肉食が禁じられていて，食事はもっぱら精進料理となります。つまり，羊肉を使

萬福寺の木魚（木魚のルーツ）　　普茶料理（萬福寺：京都）

仿膳飯荘の入口（北京）　　宮廷料理（仿膳飯荘：北京）

えなかったので，代わりに小豆を使ったことにさかのぼるようです。

京都に「黄檗山萬福寺」という寺があります。ここでは中国式の精進料理を普茶料理（注：普（あまね）く衆人に茶を施すと言う意味）と呼んで，参詣者や一般人にも提供しています。以前，ここで食べた料理には羊羹がついていました。

また，普茶料理のルーツとして北京の北海公園（故宮の北側にある人造湖を中心とした公園）の中にある「仿膳飯荘」で宮廷料理を食べた時も羊羹が出てきました。しかし，両方とも，いわゆる小豆の羊羹でした。「なぜ，羊羹が？」と思いましたが，今になって考えると，うなづけそうです。

別の説もあります。羊の肝臓の形をした菓子の「羊肝こう」が中国から伝来した時に，肝，羹が混同され「羊羹」と呼ばれるようになったとの説です。

●羊に関連したことわざ

「ことわざ」の「こと」は言葉で，「わざ」は，神業，離れわざなどの

家畜・動物編

「わざ」と同源で，行為や働きを意味するものと考えられます。「言葉のわざ」，それが「ことわざ」の本義でしょうか。

だからこそ，たった数語の塊が，人を動かしたり，勇気づけたりする力を持っています。時には鋭く，時には優しく，また，時には素直に，時には皮肉に，働きかけてくれます。

なかには辛辣な表現もあり，時と場合を考えず，無闇に使うと相手を傷つけてしまう場合もあります。だからこそ，注意が必要なのです。

羊は他の動物と違って羊関連のことわざは極端に少ないのですが，以下にいくつか示します。

「羊頭狗肉」（看板には羊の頭を掲げ，実際には狗の肉を売ること）
　　⇒立派そうに見せかけて卑劣なことをすること。注：「狗肉」とはイヌの肉
　　同義：羊質虎皮，羊頭馬脯
　　英語表現：He cries wine and sells vinegar

「読書亡羊」（羊の放牧中に本を読みふけて，羊に逃げられること）
　　⇒他のことに気を取られ，肝心な仕事を怠けること

「亡羊補牢」（羊が逃げた後で，その囲いを修繕すること）
　　⇒失敗して，あわてて改善すること

「多岐亡羊」（枝道が多く，羊を見失うこと）
　　⇒学問が細分化しすぎ，真理が見失われること
　　同義：岐路亡羊，亡羊之嘆
　　英語表現：In too much dispute truth is lost

「楽羊綴子」（主人への忠誠のためにわが子を捨てる）
　　⇒私欲のためには何でも犠牲にすること

「牽羊悔亡」（羊は放っておくと，角が絡まるまで進む）
　　⇒放置しないで正しい方向に導けば後悔しない

「告朔餼羊」（毎月1日に生贄の羊を捧げること）

⇒実を失って形式ばかり残っていること。注：「餼羊」とは生贄の羊

「十羊九牧」(十匹の羊に九人の羊飼いがいること)

⇒命令をする人は多すぎてはならない

「羝羊触藩」(雄羊は勢い良く突進し，生垣に角を引っかけ身動きがとれないこと)

⇒進退きわまること。注：「羝羊」とは雄羊，「藩」は生垣

「屠所之羊」(刻々と死に近づく者の例え)

⇒自分の置かれた立場を理解していないこと

「屠羊之肆」(分相応な職業の例え)

⇒人に相応しい立場・状況のこと。注：「屠」は牛馬を殺すこと，「肆」は店

「肉袒牽羊」(上半身をあらわにし，どんな罰でも受けること)

⇒敵に降伏し，下部となること。注：牽羊とは羊を牽くこと

「羊很狼貪」(荒々しく道理に背き，非常に貪欲なこと)

⇒大人しそうに見えても指示に従わないこと。注：「很」は背くこと，「貪」は非常に，貪欲なこと

●羊水の語源は

母親の体内で胎児を包んでいる膜を「羊膜」(英：amnion) といい，内側を満たす液を羊水と呼びます。羊膜の語源はギリシャ語の amnos (英：lamb = 子羊) に由来します。AD2世紀の医学者 Rufus からの引用に「胎児は肌着 chito'n で包まれている。その肌着は薄く柔らかい。それのことをエンペドクレースは amni'on と呼んでいる」とあるように，ギリシャ人の生活にとってきわめて身近な存在だった羊が，彼等の生活概念に取り入れられていった様子がここに見えます。このことから「羊膜」，すなわち「子羊の肌着」とはその「内」に「子羊」を包むものという語源学上の仮説が成立します。

羊水は，羊膜上皮から分泌され，羊膜腔を満たす液体で，爬虫類，鳥類，哺乳類といった有羊膜類の胚，胎児は羊水に浮かんで発育します。

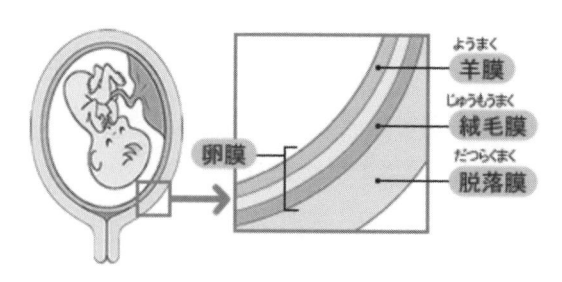

胎児と羊膜・羊水との関係

　また，尿膜水と一括して胎水とも呼ぶこともあります。妊娠初期の頃の羊水は，子宮を包む卵膜のうち羊膜上皮からの分泌物によって作られます。その成分は主に羊膜から浸出する母体の血漿や細胞の新陳代謝が始まる前の皮膚を通してにじみ出た胎児の血漿などが含まれます。胎児は羊水を飲んで尿として排せつしていますが，妊娠中期以降になると飲む量が増えるので尿量も増え，羊水の成分の多くは尿となります。妊娠後期には1日に200〜500 mlも羊水を飲んで1時間に25 ml前後の尿を排せつするので，1日で羊水の約半分が胎児を通して入れ替わることになります。また，腎臓や気道，消化管などから分泌される成分も羊水に含まれ，胎児の発育や発達を促す働きをしています。

●植物と羊

　植物に羊を冠した種類がいくつかあります。最も身近なのは羊歯（しだ）でしょうか。次にヒツジ草，ナツメ，羊草（やんそう）について触れてみましょう。

　シダ：シダ植物（羊歯植物，歯朶植物）は，維管束植物かつ非種子植物である植物の総称，もしくはそこに含まれる植物のことで，胞子によって増える植物です。

　シダの名称が羊のギザギザの歯から連想されますが，古い文献にもシダについて，「草は細く，葉葉羅生して毛あり，羊歯に似たる有り」との記述がありました。我々がよく知っている山菜としてワラビ，ゼンマイ，クサソテツなどがあります。

　おまけですが，著者の苗字と同じものも挙げておきましょう（笑）。

ワラビ（新潟・村上にて）　ゼンマイ（新潟・村上にて）　オシダ（相模原にて）

ヒツジグサ：ヒツジグサは漢字で未草と書き，スイレン科スイレン属の水生多年草です。地下茎から茎を伸ばし，水面に葉と花を1つ浮かべ，花の大きさは3～4 cm，萼片（がくへん）が4枚，花弁が10枚ほどの白い花を咲かせます。花期は6月～11月です。

ヒツジグサ（志賀高原にて）

名前の言われですが，未（ひつじ）の刻（午後2時）頃に花を咲かせることから，ヒツジグサと名づけられたといわれますが，実際は朝から夕方まで花を咲かせてくれます。

その分布は広く，日本全国の池や沼で見られます。寒さにも強く，山地の沼や亜高山帯の高層湿原にも分布しています。日本以外ではシベリア，欧州，中国および朝鮮半島，インド北部，北アメリカに分布しています。

ナツメ：ナツメ（棗（なつめ），*Ziziphus jujuba*）は，クロウメモドキ科の落葉高木で，その和名は夏に入って芽が出ることに由来しています。果実は乾燥させたり，菓子材料として食用にされ，また生薬としても用いられています。

主な栽培地は中国から西アジアに掛けてであり，中国北部原産で非常に古くから栽培されており，日本への渡来は奈良時代以前とされています。ナツメの異名を羊角といいますが，梁の皇帝・簡文帝は「風は揺るがす羊角の樹，日は映えず鶏心の技」と詠っています。

余談ですが，著者の長男の嫁（義理の娘）は中国人ですが，乾燥ナツ

メやクコの実などを良く料理に使い，美味しいものを食べさせてくれます。また，2015年の夏に中国内蒙古に沙漠緑化のボランティアで出かけた際に，生のナツメを食べました。その味は，ナシとリンゴの中間の食感で甘くて美味しかったです。

ナツメ（左：実が生っている状態／右：乾燥した状態）

羊草：中国東北部原産のイネ科の牧草で，和名はシバムギモドキ，学名は *Aneurolepiduim chinense* と中国原産が学名からうなづけます。中国東北部および内蒙古の一部のやや湿潤の土壌に分布し，この草地は良質の飼草を量産する貴重な天然資源とされてきました。しかし，多年の不合理な土地利用により，アルカリ化による退化が顕著な問題となっています。1992年に著者は同僚であった川鍋祐夫教授（故人）と中国東北部調査の植生調査を行いました。羊草の日本への輸入は順調でしたが，2010年の日本での口蹄疫に関連して，輸入時の検疫が厳しくなってきました。なお，現行では，①ワラおよび乾草は，過去3年間半径50km以内の地域に口蹄疫等の発生のない場所で生産，処理および保管されたものであること，②ワラおよび乾草は，湿熱80度以上で10分以上加熱処理されていること，③加熱処理を行う施設は，日本の農林水産大臣により指定された施設であること　の条件が課せられています。

羊草（中国・黒竜江省にて）

6. 親子での体重差に関するはなし

2012年7月に上野動物園（東京都）でジャイアントパンダが出産しましたが、間もなく死亡、8月にはアドベンチャーワールド（和歌山県）でも出産の報道がありました。そのいずれの報道でも、お母さんと産子の体重の大きな違いに驚きました。他の動物での体重差についても調べてみましょう!!

■受精卵から胎子へ

1つの受精卵が胎子に成長するには細胞が自己増殖しなければなりません。この過程には細胞の数と容積の増加があります。細胞数の増加は細胞分裂によるもので、倍加しながら増殖を続けます。また、割球数の増加に従い胚の異なる部分は異なった速度で分裂するようになります。

しかし、細胞は容積と数のみの増加では胎子にはなりません。増殖する細胞があるものは脳・神経系に、あるものは消化器系および呼吸器系へ、あるものは泌尿器系および生殖器系へと、形態・機能も分かれていきますが、このような細胞の形態、機能の特殊化する過程を細胞の分化と呼んでいます。つまり、細胞は増殖と分化を続け、最終的に特殊な形態と機能を持つ組織や器官を構築していきます。このような過程を形態形成、組織形成、器官形成と呼んでいます。

■胎子の成長

発生、分化、器官形成期を経て、胎児期に移行するにつれて、成長速度は著しく増加します。ヒトでは身長が最もよく伸びるのは胎児期中期で、体重は胎児期後期とされています。ウシ胎子は妊娠220～240日にかけて体長と体重の成長率が高く、妊娠230日で最大となり、1日当たり約200g以上もの増体が見られます。ブタ胎子の増加曲線はウシ、ヒ

ツジと同様パターンで，脳，肝臓，心臓，腎臓は妊娠72日以降，分娩時まで直線的に増加し，肺と脾臓は妊娠93日頃までに成長を終えます。
ヒツジ胎子の体重の増加曲線

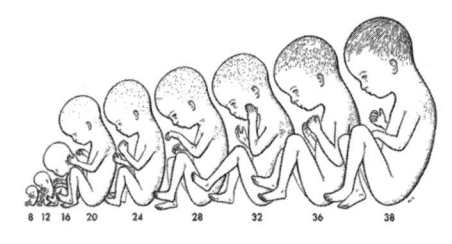

胎児の成長（8〜38週）

は他の動物種と同様です。なお，単胎と双子の場合では増加曲線のパターンは異なります。つまり，単胎では妊娠90日目頃より分娩時までの増加率は双子の場合よりも小さく，双子では妊娠130日以降の増加率は際立っています。

成雌と産子の体重の比較

動物種	品種	成雌の体重(kg)	妊娠期間(日)	産子の体重(kg)	母子の体重比
ヒ ト	−	51〜54	280	3.0〜4.6	14：1
ウ シ	ホルスタイン	600〜700	280	40〜45	15：1
ヒツジ	−	60〜90	148	4.5〜5.0	15：1
ブ タ	LWD	150〜180	114	1.0〜1.3	150：1
ウ マ	サラブレッド	570〜640	330	50〜60	10：1
イ ヌ	トイプードル	2〜4	63	150〜180(g)	18：1
ネ コ	−	3.5〜4.5	63	70〜130(g)	40：1
パンダ	ジャイアント	80〜120	89〜184	90〜130(g)	1000：1
ゾ ウ	アフリカ	4,000〜5,000	640	150	30：1
クジラ	シロナガス	80〜190(t)	330	2000	70：1
ニワトリ	−	1.7〜2.0	21	35(g)	55：1

（複数の資料より著者が独自に作成）

■産子数と胎子の大きさ

　イヌ，ネコ，ブタなどの多胎動物は胎子数が増えるに従い産子1個体当たりの体重は減少します。

　ブタでは生時体重が大きいと死産の割合が少なく，育成率が高くなる傾向が認められ，他の多胎動物にも同じことがいえると思います。また，ブタは子育てがうまいですが，わが子を圧死させる事故も多発するので，分娩柵等の対策をします。パンダにも何かできないでしょうか。

　なお，母親が持っている能力（泌乳や育児）には限度があるので，自然淘汰的に胎子の大きさも決まります。

■成都ジャイアントパンダ繁殖研究基地
（成都大熊猫繁殖研究基地）

　パンダの故郷は中国です。絶滅危惧種のパンダは中国にのみ分布する動物で、主に四川省、陝西省と甘粛省の六大山系（北の秦嶺から、岷山、邛崍、大相嶺、小相嶺と涼山）に分布しています。現在、全部で2,000頭程度とされるパンダは「国際絶滅動植物種国際貿易公約」に「絶滅種」とされ、中国の「野生動物法」にも「特級保護動物」として保護されています。このような高い研究価値と観賞価値を持つパンダは中国で「国宝」とされていると同時に、世界各国の人たちにも喜ばれています。友好大使として何回も海外へ行ったことがあるパンダは世界で高い知名度と影響力があります。パンダの繁殖・保護を行うための施設である「成都大熊猫繁殖研究基地」は四川省の省都・成都にあります。

　成都は昔からパンダとは不思議な縁がありました。化石を見れば、4,000年前からすでに野生パンダが生存していたことがわかります。中国の地図を見ればわかるように六大山系は廊下のような形になっていて、成都はちょうどこの廊下の真ん中に位置しています。

　世界で生物多様性の豊富なホットスポットが34個あり、この中の1つとしての成都には絶滅動物は73種、植物は2,000種以上ある他、所属の都江堰、彭州、崇州と大邑を含める地域には1,500 km^{2}程度のパンダ生息地があり、4つのパンダ国立自然保護区には約50頭の野生パンダが生存しています。1953年1月17日に、都江堰の玉堂鎮で発見された一頭の野生パンダが、成都（成都斧头山動物園、すなわち現在の成都ジャイアント繁殖研究基地の前身）まで搬送され、建国来保護されたこの初の野生パンダが中国のパンダ保護の道を開きました。世界でパンダの生息地に一番近く（市内の中心地からパンダ生息地まではわずか70 kmの距離）、海抜の落差が最大（350 mから5,600 mまで）でありながら、世界で人工飼育と野生のパンダの両方とも揃っている唯一の都市である成都は、パンダの本当の故郷ともいえるでしょう。

その可愛らしさで世界に知られているジャイアントパンダは，丸い顔，クマがついている大きい目，ぽっちゃりした身体とシンボルとなる内股の歩き方をしますが，手術用のメスのような鋭い爪も持っています。このような「生きている化石」と「中国国宝」と呼ばれるジャイアントパンダはすでに地球で800万年も生存していて，世界自然基金会のイメージ大使でありながら，世界生物多様性保護の代表種とされています。第三回の全国野生パンダ調査の結果によると，世界の野生パンダの数量は1,600頭にもならないことがわかりました。2011年10月までに，中国の人工飼育パンダは333頭がいるそうです。

ジャイアントパンダ（*Ailuropoda melanoleuca*）は動物界（Animalia），脊索動物門（Chordata），哺乳動物綱（Mammalia），食肉目（Carnivora），熊科（Ursidae）），パンダ属（Ailuropoda）に属しています。進化につれてパンダの99％の食物は竹となっているのですが，食肉類としての歯と消化器官は昔のままで，現在も食肉類に分類されています。野生パンダの寿命は大まかに18〜20歳であるのに対して，人工飼育パンダは良い飼養条件と医療環境に恵まれて30歳を超えたのもいます。たとえば，武漢動物園の「都都」というパンダは37歳まで生存しました。

実は筆者も2012年8月に，この基地を訪問しました。写真はその時に撮影したものです。

7. プロバイオティクスに関するはなし

　牛乳，乳製品，発酵乳，健康食品，病気予防などのキーワードが並べられると，必ずといってよいほどプロバイオティクス Probiotics（以下，PB）といった言葉も出てきます。

　この PB とは「ヒトの健康に有益な影響を与える腸内細菌，または，それらを含む製品・食品のこと」を指します。もともとは，経口的に，ヒトを対象としたものでしたが，現在は非経口的なものもあり，もちろん家畜を対象にした製品もあります。

　今回は発酵乳もその大きなウエイトを占めている PB について触れてみましょう。

■プロバイオティクスの語源

　PB という言葉を最初に使った Lilly らは腸内細菌とは関係なく，抗生物質 antibiotics に対比する概念を表す用語として提唱しています。ヒトや動物は体内の菌叢バランスが崩れることにより発病するという概念から，体内環境を整えるために，乳酸菌に代表される善玉菌を食品や飼料から摂取することで，消化器系のバランスを改善し，病気の発生を未然に抑制することが可能とされています。

　なお，これらの考え方を踏襲すれば，植物性乳酸菌を基にしてできるヌカ漬け，納豆，味噌・醤油なども，酸に拮抗し，腸まで届く PB 食品とされます。

ヌカ漬け　　納豆　　味噌　　醤油

●プロバイオティクスに使われる細菌と使用例

乳酸菌，納豆菌，糖化菌，酪酸菌などがありますが，製品化されているPBは乳酸菌によるものが多くを占めています。

＜動物性乳酸菌＞

ブルガリア菌：明治ブルガリアヨーグルト　整腸作用や腸内の有害物質の生成抑制効果。

LG21乳酸菌：明治プロビオヨーグルトLG21　ヒト由来，ピロリ菌撃退に効果的。

1073R-1乳酸菌：明治ヨーグルトR-1　菌体外に産生する多糖体により免疫力が増強され風邪に罹りにくくする。

ラクトバチルス・ガッセリー乳酸菌：明治プロビオヨーグルトPA3　プリン体と戦う乳酸菌。

ラクトバチルス・カゼイ・シロタ株：ヤクルト　小腸の下部で働き，便秘・下痢解消や免疫力増強，発ガン性物質の生成抑制。

ラクトバチルス・ロイテリ菌ATCC55730：チチヤス乳業　ロイテリ菌ヨーグルト，天然の抗生物質「ロイテリン」を分泌する多機能な菌株。

カルピス菌：カルピス　乳酸菌と酵母を含む複数の微生物の共同体。

LC1乳酸菌：ネスレ　ピロリ菌を減少。

ビヒダスBB536：森永乳業　ヨーグルトになった初のビフィズス菌，抗アレルギー効果。

LGG菌：タカナシ乳業　整腸作用，有害物質や発ガン性物質の生成を抑制。

BE80菌：ダノンビオ　最も胃酸に強いビフィズス菌。

クレモリス菌：フジッコ　カスピ海ヨーグルト，便秘

の改善，抗腫瘍作用，免疫力増強，コレステロール低下。

　ガセリ菌 SP 株：日本ミルクコミュニティ　メタボフリーヨーグルト　ガセリ SP 乳酸菌，小腸に長く留まり，メタボ解消効果。

　ビフィズス菌 LKM512：メイトー　おなかにおいしいヨーグルト，整腸作用，アトピー性皮膚炎軽減，寿命伸長効果。

　フェカリス菌 FK-23 株：ニチニチ製薬　加熱処理　濃縮乳酸菌体，C 型肝炎治療，抗ガン作用，抗ガン剤の副作用軽減。

　＜植物性乳酸菌＞

　植物性乳酸菌の腸内生存率は動物性乳酸菌の 10 倍もあるとされ近年，注目されています。

　ラクトバチルス・プランタラム：ヌカ漬け，しば漬け，キムチ，ザワークラウト，サワーブレッド　美味しい酸っぱさのもと。

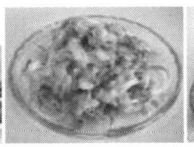

　ラクトバチルス・プレビス：漬け物，キムチ，香りづけ。

　テトラジェノコツカス・ハロフイルス：味噌，耐塩性が強い，独特の風味。

　ペディオコッカス・ペントセサウス：耐酸性，耐塩性が強い。

　ラブレ菌：すぐき漬け，整腸作用，カロリーが低い，最近は数社から飲料，ヨーグルトも発売された。

■家畜でのプロバイオティクスの応用

　畜産分野では，一般的には生菌剤が PB とされますが，飼料や飼料の一部として給与される物質で直接的，間接的に消化管に作用し，腸内のフローラを家畜にとって都合の良い状態に推移させる働きのある場合，つまり有用菌の増殖を促進させる物質を PB と呼ぶ場合もあります。これらも拡大解釈するならば，PB と考えることも可能でしょう。

●生菌剤

飼料添加物として添加することによって，飼料が含有している栄養成分の有効利用の促進に効果があるとされる生菌剤は10菌種，27菌株，22種類があります。なお，これらの生菌剤は添加量や使用期間の規定はなく，どのようなステージにおいても使用可能です。

●血漿タンパク・卵タンパク

子牛に与える代用乳として，血漿タンパクや卵タンパクがあります。血漿中の免疫グロブリンは消化管内で消化されずに，悪玉菌としてのサルモネラ，大腸菌群，コロナウイルスなどを駆逐すると考えられています。

●オリゴ糖

フラクトオリゴ糖やガラクトオリゴ糖などのオリゴ糖Oligosaccharideは難消化性なので，小腸では吸収されず，大腸で有用菌の栄養源として利用されています。飼料添加物として主に使用されているのはフラクトオリゴ糖，ガラクトオリゴ糖，イソマルトオリゴ糖があります。

●酵素類

セルラーゼ，プロテアーゼに代表されるような消化酵素で，繊維や蛋白質の消化促進に貢献します。また，これらの作用により善玉菌が優占するようになり，ふん量の低減化，悪臭の低減化も図られるようになります。

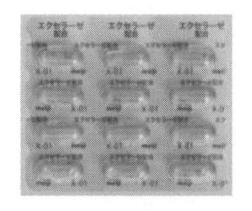

●ビール酵母

ビールの発酵に貢献する酵母で，パン酵母と同じ「サッカロミセス属」に分類されます。麦汁の中に入れられた酵母は，麦汁の栄養を吸収しながら増え，アルコール発酵を行ない，副産物として栄養豊富なビール酵母が得られるようになります。

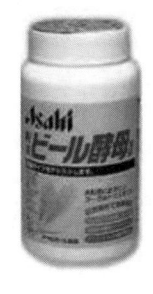

●カゼインホスホペプチド

　カゼインホスホペプチド（以下，CPP）は牛乳カゼインにトリプシンを作用させて得られるペプチドで，リンを含んだ部分のみを分離・精製した物質です。カルシウムの吸収・代謝を促進し，化骨形成に効果があることは周知ですが，それだけでなく，免疫系にも作用し，腸管 IgA の産生に関与することも明らかにされるようになりました。

●ポリフェノール

　リンゴや茶ガラに含まれているポリフェノール polyphenol が有用菌の生育に好ましい影響を及ぼすことが報告されています。

■プロバイオティクスの効果

　各種のプロバイオ製品が家畜へ応用されるようになってきましたが，その効果は家畜自身への効果と環境改善効果との2つに代表されます。現在，市販されている主なプロバイオ製品は品名だけでも20種類以上にものぼります。

●家畜の健康と生産性への貢献

　プロバイオの家畜への応用は豚で盛んに用いられています。これは従来の抗生物質，抗菌物質などの使用を極力減らし，可能であれば使用せずに安心・安全な畜産物（豚肉など）の生産を標榜する生産者，消費者のニーズといえます。以下に主なものを取り上げてみましょう。

　生菌剤：生菌剤は乱れた腸内細菌叢を正常にし，有害菌（悪玉菌）に対して拮抗的に似作用する菌で，十分な菌量が胃や小腸上部を通過して作用部位に的確に到達する必要があります。これらより発育促進や下痢の予防に効果が認められています。

　オリゴ糖：豚に対する効果として，発育促進効果，下痢発生頻度の低下，発情回帰日数の短縮，泌乳量の促進，精子活性の向上などが報告さ

れています。

ビール酵母：ビール酵母には乳酸菌などの腸の働きに有用な菌の増殖，食欲増進作用が認められています。さらにビタミン B_1，B_2および B_6，タンパク質，ミネラルの他にグルカン，マンナンなどの食物繊維も豊富です。

● 環境改善への貢献

PBの効果によって，家畜すべてに共通して①ふん尿量の低減，②窒素排せつ量の低減，③無機物排せつ量の低減，④悪臭物質の低減，⑤有害菌の抑制等が挙げられます。さらにメタン放出量の低減が牛に特徴的です。

①**ふん尿量の低減**：1日当たりのふん尿排せつ量は，消化率，乳量，体重，飲水量などによって異なります。体重600～700 kg，乳量7,600 kg／年の乳牛で，ふん36 kg，尿14 kgとされています。ふん量は乾物摂取量と関係するので，良質粗飼料の給与で繊維摂取量を抑制し，ふん減量も期待できます。尿量は牛では難しいでしょうが，豚では不足するアミノ酸を添加した低タンパク質飼料で飲水量を減らし，排尿量の低減化に成功しています。

②**窒素排泄量の低減**：1日当たりのふん尿からの窒素排せつ量は270 g（ふん由来170 g，尿由来100 g）とされています。飼料中のタンパク質量を適正にし，TDN供給量とのバランスを保てば，生産性に悪影響を及ぼさずに窒素排せつ量を低減化は可能と思われます。豚ではふん尿からの窒素排せつ量の低減化は認められています。

③**無機物排せつ量の低減**：窒素と並んで問題視されるのはリンですが，これらは富栄養化の元凶とされています。リン以外の無機物で環境汚染の点で問題となるものとして，亜鉛や銅などの重金属が挙げられますが，これらも水質や土壌の汚染といった面から問題とされています。牛はリンの利用効率が高く，リンを多含する糟糠類を多給するとふんへの排せつ量も多くなります。豚ではフィターゼでリンの利用率の向上が期待されても，牛では困難とされています。亜鉛や銅は重金属ですが，

生体に必須な微量無機物なので，過剰給与を避けるべきでしょう。

④**悪臭物質の低減**：悪臭防止法での規制物質のうち，家畜ふん尿に関係するのはアンモニア，メチルメルカプタン，硫化水素，トリメチルアミンなどが挙げられます。飼料中にゼオライト，硫酸鉄，フミン酸，酵素，茶ガラなどを添加し，物理的，微生物的に悪臭を軽減する試みが豚では行われています。

⑤**有害菌の抑制**：サルモネラ菌，大腸菌群，コロナウイルスなどに代表されるような有害菌の生育を抑制し，菌叢を悪玉主体から善玉主体に変換させる働きを指します。このことからサルモネラ属菌やO-157による食中毒，カンピロバクターやクリプトスポリジウム感染症への感染のリスクが低減化されるでしょう。

⑥**メタン放出量の低減**：反すう家畜の消化管内で生産されるメタンは二酸化炭素と並んで温室効果ガスとして問題視されるようになってきました。メタンは二酸化炭素に比べると微量ですが，その温室効果は約20倍とされています。

家畜の主要な発生源は牛で，全体の70％以上を占めています。その生成は第一胃内で数種のメタン細菌によって行われ，暖気（ゲップ）として，空気中に排出されます。反すう家畜のメタン抑制は育種改良，栄養・飼養管理技術の改善による生産性の向上が基本です。乳量が増えるとメタン発生量も増えますが，乳量当たりのメタン発生量は減少します。また，daily gainの増加により増体当たりのメタン発生量は減少しますので，肥育期間の短縮はメタン発生の抑制に貢献します。脂肪酸カルシウムの投与で，メタン発生を抑制する試みやプロトゾアの除去によりメタン生成量を削減させたりする動きがあります。他に第一胃内の栄養バランスを発酵に最適なものにし，微生物の増殖効率を考慮することによりメタン発生を制御する方法も考えられています。

■出光グループの開発

カシューナッツの殻油や特殊な酵母菌の生産物などの天然物を用いる

と，牛のゲップに含まれるメタンを70％以上減らし，牛のエネルギー源となる有機酸（プロピオン酸など）を20％以上増やすことを発見しました。

ルーメンに存在する微生物の中には，メタンを発生させるメタン細菌が存在し，ブドウ糖などの栄養分をメタンにしてしまいます。

ルーメン内で発生したメタンなどのガスは，通常ゲップとして体外に排出されますが，ルーメン内に留まると「鼓張症」という病気になり，死に至ることもあります。カシューナッツ殻油など「牛ルーメン機能改善剤」を牛に与えると，メタン細菌の活動を抑えてルーメン内で作られるメタンを減らします。カシューナッツ殻油は①プロピオン酸などのエネルギー源を増やします。ルーメン内の細菌バランスを正常に保つ。それによって牛の健康な成長を促進することができます。②カシューナッツ殻油は一部の有害細菌の異常な増殖を抑制する働きがあり，抗生物質に頼らない安全・安心な畜産物の生産が期待できる。③カシューナッツ殻油はルーメン内から発生するメタンを抑制する働きがあり，牛から排出される温暖化ガスの低減が期待できる。

なお，製品はルミナップPという名称で，共立製薬が販売しています。

8. 発酵乳に関するはなし

　毎年のことですが，省エネ，クールビズに徹した夏が終盤を迎えつつありますが，暑い時にはサッパリしたものが欲しくなります。幼少期には冷蔵庫で冷やした麦茶しか飲ませて貰えませんでしたが，当時は高嶺の花だった「カルピス」も，お中元で戴いた時には別扱いとなり，濃い目に作って飲むその味は至福の時を感じたものでした。また，ガラスの小瓶に入ったヨーグルトは幼稚園でのおやつの思い出です。

　ここでは，発酵乳やヨーグルトを広義に「発酵乳」として扱うこととし，これにまつわる話題に触れてみましょう。

■発酵乳の定義と歴史

●発酵乳の定義

　発酵乳を我が国では，ヨーグルトや飲むヨーグルトなどのような言い方で広く使用していますが，法律（乳および乳製品の成分規格等に関する厚生労働省令）では発酵乳として表現されます。つまり，「乳またはこれと同等以上の無脂乳固形分を含む乳等を乳酸菌または酵母で発酵させ，糊状または液状にしたもの，またはこれらを凍結したもの」と定義

発酵乳，乳製品乳酸菌飲料の成分規格

種　類		規　格			製品の一例
		無脂乳固形分	乳酸菌数または酵母数(1 m*l* 当たり)	大腸菌群	
発酵乳		8.0%以上	1,000万以上	陰性	ブルガリアヨーグルト
乳製品乳酸菌飲料	生菌	3.0%以上	1,000万以上	陰性	プロビオヨーグルト
	殺菌	3.0%以上		陰性	カルピス
乳酸菌飲料		3.0%未満	1,000万以上	陰性	ヤクルト

されます。ここで，無脂乳固形分とは，牛乳の水分と脂肪分を除いた残りの成分をいい，栄養価の高いタンパク質，乳糖およびミネラルなどが含まれています。

また，1977年にFAOとWHOによって定められたヨーグルトの厳密な定義によれば，「ヨーグルトとは乳及び乳酸菌を原料とし，ブルガリア菌とサーモフィルス菌が大量に存在し，その発酵作用で作られた物」と定められています。

● **発酵乳の歴史**

発酵乳の歴史は古く，紀元前5000年頃，東地中海からバルカン半島，中央アジア地域で人類が牧畜を始めた昔にさかのぼります。ある日のこと，残してあった羊の乳がいつの間にか酸味のあるさわやかな飲み物に変わっていました。古代人たちはこれを乳の保存法として取り入れ，その地方独特の利用方法で発展させてきました。

なお，世界には牛乳だけでなく山羊乳，羊乳，水牛乳，馬乳，ラクダ乳などを原料とするものがあり，ヨーグルトを始めインド・ネパールのダヒ，ロシアのケフィール，モンゴルのクーミス，デンマークのイメールなど，特色ある発酵乳が各地で作られています。

日本でも奈良時代の頃には，酪（らく），酥（そ），醍醐（だいご）という乳製品が貴族に珍重され，その中で「酪」というものが現在のヨーグルトに近似したものと推定されます。残念ながらその後は武士の台頭により，乳を利用した食文化は発達しませんでした。わが国でのヨーグルトの歴史は，明治の文明開化まで待たねばなりませんでした。

■世界のヨーグルト

● **アフガニスタン**

中央部は羊乳，その他の地域は牛乳，北部や南部

の山岳地帯はラクダ乳が利用されています。典型的な「ドーク(シュルンベともいう)」は，次のようにして作ります。

まず原料乳を沸騰させ，後冷却し，マスティと呼ぶカード(スターター)を加えて発酵し，マーストを作ります。これを銅器や皮袋に入れて撹拌し，バターを除きます。残ったバターミルクを「ドーク」といい，そのまま飲用したり，さらに加工して利用します。ドークを布袋に入れてホエーを除いたカードを「チャカ」といい，利用します。また，ドークを加熱した時にできる上層部の浮上凝固物を布袋に入れて水気を切り，加塩して団子状とし，天日乾燥した保存食が「クルト」で，水に溶かして料理に使います。

● インド

東洋で乳の利用を一番早く行ったのはインドといわれ，古くからヨーグルトに似た発酵乳「ダヒ」があります。ダヒの手作りによる方法が代々伝えられ，家庭料理に欠かせないものになっています。

牛乳や水牛乳をまず加熱殺菌し，ダヒの残りをスターターとして加え半日室温で発酵させます。ダヒは，肉料理，サラダ，ドリンクなどに用いられ，また常に食卓にあり，好みに合わせて食べられています。このダヒをかき混ぜて浮いたバターを取り除いたものがバターミルクに相当する「ラッシー」です。「スリランド」は，ホエーを除いたダヒ(「チャッカ」といいます)に砂糖を加えて練り上げたもので，デザートとして食べたり，菓子用の原料にします。

● 中国(内モンゴル，チベット)

モンゴル民族が定着した内モンゴルやヒマラヤ周辺のチベットでは，モンゴルやネパールに似た牧畜と乳利用が行われています。乳を静置発酵させ，浮上したクリームを取り除いた残りの脱脂発酵乳が「エードスンスー」で，これを加熱してホエーを除いたカードを乾燥したものが「スーンホロート」です。冬季の保存食で，乳茶で溶かして食べます。

85

乳を加熱してクリームを取り除いた濃縮乳（ボルソンスー）にスターターを接種して静置発酵したものが「タラグ」で，そのまま食べられます。馬乳酒のアイラグは，「チェゲー」あるいは「チゴー」といい，女性や子供も飲用します。

チベットでは，ヤク乳の発酵乳「ツォー」，バターミルクの「ダ・ラ」があります。また，ネパールと同様の「ダヒ」があり，ダヒからは，「チュラ」や「チュルピー」も作られます。

●ネパール

標高の高い山岳地帯に位置するため，この環境に適応したヒマラヤ牛，ヤク，水牛，山羊が分布しています。ネパールの乳製品は，すべてインドと同様の「ダヒ」から作られます。

ダヒをかき混ぜて，まずバターとバターミルクを作ります。バターからはバターオイルの「ギー」が作られます。バターミルクを加熱して凝固したカードを作り，さらにカードからホエーを除いたのが「チュラ」です。このチュラを餅状やチューブ状にして風乾したのが保存食品の「チュルピー」です。

●パキスタン

インダス川流域では水牛が，山間部では，山羊，牛が飼育されています。

これらの乳を発酵して「ダヒ」を作り，そのままか，もしくはホエーを除いたカードをボール状に乾燥したのが保存食品の「カルート」です。

●モンゴル

牛，山羊，羊，馬，ラクダの五畜を有するアジア有数の牧畜国で，すべての家畜乳が主食に近い形で利用されています。乳を放置して自然発酵させ，表面に浮上したクリーム（ズーヒー）を取り除いた脱脂発酵乳が「タラグ」で，そのまま消費したり，乾燥乳製品の原料として利用します。

カザフスタンやロシアのクーミスに相当するアルコール含量2.5％以

上の馬乳酒「アイラグ」は，国民的飲料として人気があります。この馬乳酒は，馬の搾乳期である夏季の7月から9月にかけて約2ヶ月間ほどしか製造できません。

アイラグはアルコール含量が高いので，蒸留することによって蒸留酒の「アルヒ」が作られます。

●日本でのヨーグルトの販売

明治時代，乳牛が輸入され牛乳の販売が始まりました。明治27年頃，売れ残った牛乳の処理として，牛乳を発酵させた「凝乳」が売り出されましたが，これが，日本でのヨーグルトのルーツと思われます。大正時代になり，1917年（大正6年），広島市のチチヤス乳業（現・チチヤス㈱）が日本初のヨーグルトを発売しましたが，当時は一部の人々だけに飲まれるか，病人食として珍重される程度でした。一般に普及したのは戦後であり，1950年（昭和25年）に明治乳業から発売された「ハネーヨーグルト」（瓶入り）の発売によるものでした。

日本で最初のヨーグルト
（チチヤス乳業）

■発酵乳・乳酸菌の種類と効用

●発酵方法による区分

発酵乳の製造方法としては大きく分けて「前発酵」と「後発酵」の2通りの作り方があります。「前発酵」は，発酵させてから容器に充填するもので，カルピスのような乳酸菌飲料の他，ドリンクヨーグルトなどがあります。「後発酵」は容器充填後に発酵するもので，プレーンヨーグルトなどは後発酵の方法で作られます。

●形状による区分

＜糊状にしたもの＞

ハードヨーグルト：乳などを発酵させ，寒天やゼラチン等で固めたも

の又はこれに果汁，甘味料，香料等を加えたもの。

ソフトヨーグルト：乳などを発酵させ，カードを形成させたもの又はこれに果汁，果肉，甘味料等を加え撹拌し，糊状にしたもの。

ハードヨーグルト

ソフトヨーグルト

＜液状にしたもの＞

飲むヨーグルト（ドリンクヨーグルト）：発酵によってできたカードを砕いて

ドリンクヨーグルト

フローズンヨーグルト

液状にしたもの又はこれに果汁，果肉，甘味料，香料等を加えたもの。

＜凍結したもの＞

フローズンヨーグルト：乳などを発酵させたものを撹拌しながらアイスクリームと同じように凍結させたもの又はこれに果汁，果肉，甘味料，香料等を加えたもの。

●発酵乳・乳酸菌の効用

乳酸菌は通常，腸内細菌としてヒトや動物の腸内に棲息していますが，ヨーグルトなどに含まれる乳酸菌は，腸内には定着できません。しかし，その代謝物などが腸内の悪玉菌（ウエルシュ菌は一例）などを減少させ，もともとの乳酸菌を増殖させる整腸作用があります。他に，ウエルシュ菌が減少することにより，その抗体を減少させ，アレルギーの発症を抑制する効果も期待されています。

なお，消化酵素によりタンパク質はアミノ酸となり，腸内細菌が分解して一部はアンモニア，フェノール，クレゾール，インドールなどの有害物質（細胞毒性があり，発ガン促進物質）に変換させますが，乳酸菌

などの善玉菌がこれらの働きを抑制します。また，脂肪の多量摂取で，腸内コレステロールや胆汁酸の濃度が高まり，悪玉菌によって発ガン物質が生成されますが，善玉菌はこれらにも抑制的に働きます。

　ヨーグルトなどの乳酸菌を含んだ食品は，摂取することで花粉症に効果があるとされ，免疫力を増強する機能も認められていますが，しかし，過度な摂取はアレルギーの悪化に繋がることも指摘されています。

　また，肉の繊維を分解する効果があり，料理に使うことで肉を軟らかくする効果も認められています。

　特定保健用食品（特保）には食品の機能の表示が認可されています。認可された乳酸菌飲料やヨーグルトは，摂取によって便秘や下痢の改善，善玉菌に分類される菌の増殖によって有機酸が増え，結果として悪玉菌が減少しアンモニアが減るため腸内環境が改善されることが示されています。

■発酵乳・ヨーグルトの作り方

　乳酸菌を入手し，牛乳から作ることも可能ですが，食べ残したヨーグルトに含まれる菌を使って作ることも可能です。したがって，美味しいヨーグルトをタネとして取っておき，それを使うこともできます。ただし，繰返して菌を使うことにより菌の性質が変化し，味や凝固状態が変化することもあります。

　基本的には市販のヨーグルトメーカーを使うと簡単ですが，1）牛乳を沸騰させ，30〜45℃程度に冷えるのを待つ。2）古いヨーグルトをタネとして少量混ぜます。タネには市販のヨーグルトも使用可能ですが，殺菌してあるものは使えません。3）30〜45℃で一晩置き，乳酸発酵させます。

ヨーグルトメーカー

■発酵とは

微生物が自己の酵素で種々の有機物を分解あるいは変化させ、それぞれ特有の最終産物を作りだす現象を発酵といいます。したがって最終の物質の名称を冠して「〜発酵」と呼称されます。たとえば酵母が糖をアルコールと二酸化炭素にすることをアルコール発酵、乳酸菌が糖を分解して乳酸を生成することを乳酸発酵といいます。

狭義にはイースト菌、乳酸菌などの酵母菌微生物が嫌気条件下でエネルギーを得るために有機化合物を酸化して、アルコール、有機酸、二酸化炭素などを生成する過程をいい、広義には、微生物を利用して、食品を製造すること、有機化合物を工業的に製造することをも意味します。また、酸化発酵の一種で、好気条件下で酢酸菌による酢酸発酵などもあります。

●腐敗と発酵

発酵は食品に微生物が繁殖してその成分が変化することであって、仕組みは腐敗と同じですが、とくに人間にとって有用な場合に限って「発酵」と呼びます。その境界はかなり曖昧であり、たとえば知らない人が鮒寿司を見れば、「腐っている」といって廃棄されるのはまず間違いないし、キビヤックに至っては、製造するイヌイット（エスキモー）以外にとってはそれが食用であるとは想像もつきません。独特の香りを発する発酵食品も多く、くさや、鮒寿司、納豆などはアミンや硫化物、アンモニアなどの強い香り・刺激臭を伴います。

●アルコール発酵

広く見られるのは、アルコール発酵を利用した酒など、いわゆるアルコール飲料の製造です。これは、ほぼ世界中に見られ、多様な素材を用いて様々な製法で生産されています。また、アルコール発酵はパンの製造などにも用いられています。これは、いわゆる出芽酵母によってなされるもので、アルコール飲料や液体調味料の場

8. 発酵乳に関するはなし

合は，とくに醸造とも呼ばれています。アルコール発酵のように，特定の少数の微生物のみで行われる過程もありますが，様々な微生物が複雑に関与する例も少なくありません。味噌やヌカ漬けなどはその例で，その微生物の組成が異なれば，微妙に味も異なってきます。かつてはそれぞれの家に古くから伝えられたものがあり，家ごとに味の違いがありました。

●発酵食品

発酵作用を利用した発酵食品は世界各地に見ることができます。ある種の微生物が多数を占めるため腐敗に対し耐性を示すことから，保存食として扱われる物もありますが，その鮮度が短いものも多く，発酵食品を保存食品に分類することは誤りでしょう。

ヌカ漬け　　納豆　　味噌　　醤油

なお，微生物によらない発酵を利用したものもあります。茶は半発酵か完全発酵を使用していますが，これは，茶葉に含まれる酵素による酸化発酵です。

■家畜ふん尿処理

なお，家畜ふん尿処理の分野においては発酵にはメタン発酵のような嫌気的発酵によるものと，堆肥化などのように好気的発酵による場合とがあります。一般的に，堆肥化処理と発酵処理を同義的に用いています。堆肥化により，①汚物感が無く，使い

91

やすい有機質肥料ができる（汚物感や悪臭の低減，寄生虫卵や病原菌の死滅），②土壌や作物に良い効果を及ぼす有機質肥料ができる（有機物の腐熟，有害物質や雑草種子の分解・死滅），③堆肥の流通利用による資源リサイクルに貢献などが行われます。

●家畜ふん尿の一般的な処理

本書では著者の専門分野の1つである「家畜ふん尿処理」については，ほとんど触れることがありませんでしたので，ここに現行の家畜ふん尿の一般的な処理方法についての流れだけを示します。

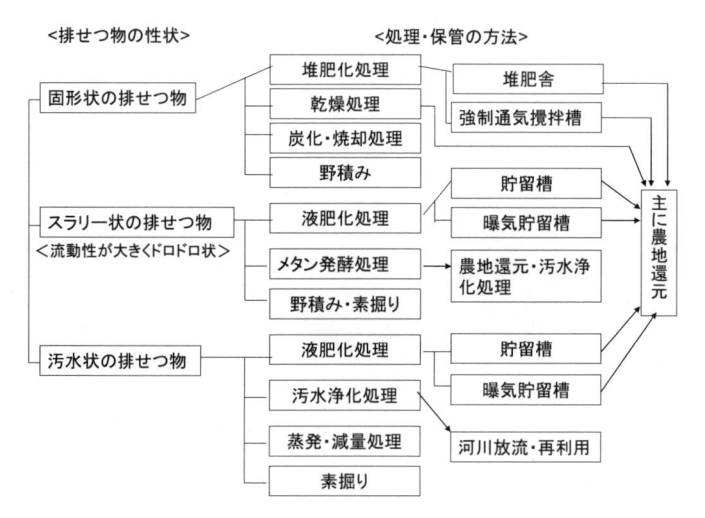

```
<排せつ物の性状>                <処理・保管の方法>

                      ┌─ 堆肥化処理 ──── 堆肥舎 ──────┐
固形状の排せつ物 ─┼─ 乾燥処理        強制通気撹拌槽 ─┤
                      ├─ 炭化・焼却処理                  │
                      └─ 野積み                          │
                                                          │
                      ┌─ 液肥化処理 ──┬─ 貯留槽 ────────┤  主
スラリー状の排せつ物 ┤                └─ 曝気貯留槽 ────┤  に
<流動性が大きくドロドロ状> ├─ メタン発酵処理 → 農地還元・汚水浄 │  農
                      └─ 野積み・素掘り      化処理         │  地
                                                          │  還
                      ┌─ 液肥化処理 ──┬─ 貯留槽 ────────┤  元
汚水状の排せつ物 ─┼─ 汚水浄化処理 └─ 曝気貯留槽 ────┤
                      ├─ 蒸発・減量処理 ─ 河川放流・再利用 │
                      └─ 素掘り                          │
```

家畜ふん尿の一般的な処理・保管方法

9. 乳からつくる酒のはなし

　屁理屈をつけて，一年中，お酒を飲む機会はたくさんあります。新人の頃は中には歓迎会と称して酒類を強要され，ひどい目に遭った下戸の方も多くいたのではないでしょうか。

　炭水化物に何らかの微生物を作用させ，発酵することによって，その代謝産物としてアルコールが得られますが，これを酒と呼びます。

　ここでは日本では馴染みが少ないと思いますが，乳から作られる酒について述べましょう。

■酒の原料

　米やサツマイモのような炭水化物は多少なりともデンプンを含んでいます。このように糖分を含むもの，あるいは糖分に転化されるものは酒の原料になり得ます。しかし，脂肪やタンパク質が多いもの（たとえば大豆などの豆類）はあまり向かないようです。

　一般的にブドウからワイン，米から日本酒，サツマイモから焼酎，大麦からビール，ウイスキー，サボテンからテキーラが作られることは左党ならば知っていることと思います。参考までに果実としてサクランボ，ヤシ，リンゴの実など，穀類として麦，トウモロコシなど，根菜類としてジャガイモ，サツマイモなど，その他サトウキビなどが代表的な原料として挙げられます。

　さて，畜産領域で考えられるものとして，肉，乳，そして，排せつ物があります。このうち肉類は脂肪やタンパク質が多いので不適で，乳については利用の実績があります。家畜ふんも炭水化物をそれなりに含むので資源としては評価しなければなりません。実際に家畜ふんからエタノールを抽出する技術はすでに確立されていますが，実用化はされていません。

■モンゴル五畜と乳の酒

●モンゴル五畜

蒙古族は蒙古五畜といって，山羊，羊，馬，牛，ラクダを古来より家族の一員のように飼っていました。これらは肉，乳，毛の供給源として，また馬は草原ジープとして使われてきました。また家畜は文字通りlivestockであり，その数の多少はそれぞれの家の貧富の程度を表わし，嫁入り時の持参金代わりに使われるほどでした。

●乳の酒

現在，泌乳量が多い家畜はウシで，乳酒の原料乳としての割合も多いと思われます。長い間，乳酒の原料はヤギ乳，ヒツジ乳，それらの混合乳でした。

しかし，モンゴルや中央アジアの遊牧地帯ではヤギ乳，ヒツジ乳は夏期に牛の搾乳が本格化（日本と違って牛も通年繁殖が技術的に飼料確保の面から困難）するまでの繋ぎとして搾乳する場合が多いようです。馬乳からは主にドブロク状の馬乳酒が造られてきました。砂漠地帯ではラクダの飼育が多いので，乳製品や乳酒の原料もラクダ乳です。

クミス（カザフスタンの馬乳酒）

■乳酒の種類と製造

乳酒はドブロク状のオンダー undaa と，オンダーを蒸留したアルヒ arhi の2つの形態があります。なお，中央アジア・カフカス山地で飲まれているケフィアは馬，羊，山羊，牛の乳にケフィールグレインと呼ぶある種の植物種子を加えて発酵させたアルコール性乳酸飲料です。

さて，牛乳酒（中国では奶酒ナイヂューと表

馬乳酒（モンゴル）

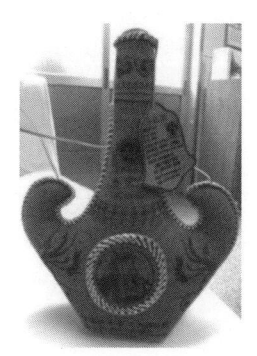

9. 乳からつくる酒のはなし

乳酒つくり（中国内モンゴル） 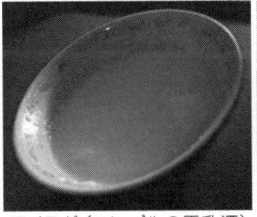　アイラグ（モンゴルの馬乳酒） 　ナーダム（モンゴル）

記）は出産後の泌乳期間，馬乳酒は出産を終えた初夏から9月頃までの搾乳可能な2ヶ月程が生産時期です。

　各家庭では大型の木製やポリ容器に乳製品の加工副産物で出るホエーや各種の家畜乳が加えられ，さらに残しておいた乳酒をスターターとして用います。木ベラで一日に数千回程度の撹拌を行うことにより2〜3日で乳酒ができあがります。

　なお，冬期は乳が取れない，発酵に必要な気温条件にならないなどの理由も夏期に乳酒を造る最大の理由となります。さらに蒙古族の大きな楽しみであるナーダム naadam（相撲，乗馬，弓を主体とする運動会）にこの乳酒は必要不可欠なものとなっています。

アルヒ
（モンゴルの馬乳酒）

■酒のうんちく

　「酒」といえば，清酒，つまり日本酒を連想する人が多いと思いますが，これは狭義の定義で，広義には日本酒以外の，ビール，ウイスキー，ワインなど，化学的にはエチルアルコールを含む飲料全般を指します。

●製造方法による酒の分類

　酒は大きく分けて醸造酒，蒸留酒および混成酒に分かれます。醸造酒は単発酵酒と複発酵酒に分けられ，さらに複発酵酒は単行複発酵酒と並行複発酵酒に分けられます。

　醸造酒：原料をそのまま，もしくは原料を糖化させたものを発酵させた酒。

単発酵酒：原料中に糖分が含まれており，直接発酵するもの。

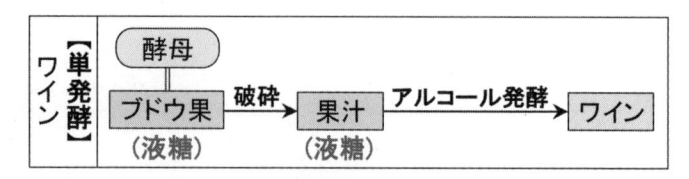

```
【単発酵】ワイン
        酵母
         ↓
ブドウ果 ─破砕→ 果汁 ─アルコール発酵→ ワイン
(液糖)         (液糖)
```

複発酵酒：穀物などデンプン質を原料とし，糖化の過程があるもの。

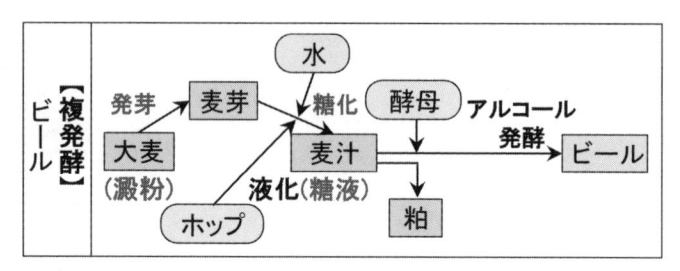

```
【複発酵】ビール
               水    酵母
                ↓     ↓   アルコール
大麦 ─発芽→ 麦芽 ─糖化→ 麦汁 ──発酵──→ ビール
(澱粉)         液化(糖液) ↓
ホップ ─────────↑      粕
```

単行複発酵酒：糖化の過程が終了後にアルコール発酵が行われるもの（ビールなど）。

並行複発酵酒：糖化とアルコール発酵が同時に行われるもの（清酒など）。

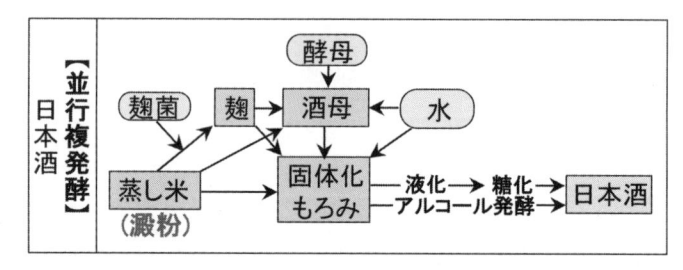

```
【並行複発酵】日本酒
              酵母
               ↓
麹菌 → 麹 → 酒母 ← 水
 ↓     ↑     ↓
蒸し米 ────→ 固体化 ─液化→ 糖化→ 日本酒
(澱粉)        もろみ ─アルコール発酵→
```

蒸留酒：醸造酒を蒸留し，アルコール分を高めた酒。

混成酒：主に蒸留酒に他の原料の香り・味をつけ，糖分や色素を加えて造った酒。

蒸留酒のうち，樽熟成を行わないものをホワイトスピリッツ，何年かの樽熟成で着色したものをブラウンスピリッツとする分類法があります。ただし，テキーラ，ラム，アクアビットなどではホワイトスピリッツとブラウンスピリッツの両方の製品があり，分類としては本質的では

ありません。

●酒の原料

ブドウ，リンゴ，サクランボ，ヤシの実などの果実。米，麦，トウモロコシなどの穀物。ジャガイモ，サツマイモなどの根菜類。その他サトウキビなどが代表的で，クリなどの堅果類，樹液や乳，蜂蜜を原料とした酒もあります。また酒造の副産物として得られる酒粕，ブドウの絞り粕などから，二次的に酒を造り出すこともあります。

つまり，原料によって酒の種類がある程度決まってしまいます。

果実原料のもの

　ブドウ：ワイン，ブランデー，ピスコ

　リンゴ：シードル（アップル・ワイン），カルヴァドス（蒸留酒），
　　　　　サボルチのリンゴパーリンカ（蒸留酒）

　ナシ：ペリー

　レモン：リモンチェッロ

　プルーン：ツイカ（蒸留酒），スリヴォヴィッツ（蒸留酒）

　ナツメヤシ：マヒカ

　バナナ：バナナ・ビール

　トマト：トマト焼酎（蒸留酒）

穀物原料のもの

　米：清酒，米焼酎（蒸留酒），どぶろく，紹興酒，泡盛（蒸留酒），
　　　マッコリ

　小麦：白ビール，ボザ

　大麦：ビール，モルトウイスキー（蒸留酒），麦焼酎（蒸留酒）

　トウモロコシ：バーボン・ウイスキー（蒸留酒），チチャ

　モロコシ：白酒（蒸留酒）

　ソバ：蕎麦焼酎

　ライムギ：クワス

クワス（ロシア）

根菜類のもの
　サツマイモ：芋焼酎
　ジャガイモ：アクアビット
　タピオカ：甲類焼酎（一部の商品）

副産物原料のもの
　　酒粕：粕取焼酎（蒸留酒）
　　ブドウの絞り粕：グラッパ（蒸留酒），マール（蒸留酒）

その他のもの
　サトウキビ：アグリラム（蒸留酒），
　　　　　　　カシャッサ（蒸留酒），
　　　　　　　黒糖焼酎（蒸留酒）
　廃糖蜜：甲類焼酎（蒸留酒），インダストリア
　　　　　ルラム（蒸留酒）
　樹液：ヤシ酒，メープル酒
　乳：馬乳酒，クミス，アルヒ（蒸留酒）
　蜂蜜：ミード，メドヴーハ
　リュウゼツ蘭：メスカル（蒸留酒），テキーラ
　　　　　　　　（蒸留酒），プルケ
　コーンスターチ：甲類および乙類焼酎，ビール
　　　　　　　　　（副材料として使用）

芋焼酎（日本）

アクアビット（ロシア）

テキーラ（メキシコ）

しかし，ジン，ウォッカ，焼酎，ビール，マッコリなどには穀物や芋類など異なった原料のものがあり，必ずしも原料によって酒の種類が決まる訳ではありません。また，原産地によって名称が制限される場合があります。たとえばテキーラは産地が限定されていて，他の地域で作ったものはテキーラと呼ぶことができずメスカルと呼ばれています。

10. 気温と肉食に関するはなし

　寒くても，暑くても，涼しくても，そして暖かくても肉を食べます。寒い時期は身体を温める効果を期待して，暑い夏は夏バテ対策として，各種の肉が食べられています。すき焼き，水炊き，しゃぶしゃぶ，もつ鍋，焼肉，ステーキ，とんかつ……よだれが出てきそうになります。さて，肉は本当に身体を温める効果があるのでしょうか。また，夏バテ対策に有効なのでしょうか。ここでは，これらの疑問について触れてみましょう。

■体温を調節する仕組

　ヒトももちろんですが，家畜・家禽はいずれも恒温動物で，環境温度の変化に関係なく，体内での生理活動が円滑になされるため，一定範囲での体温保持機能を具備しています。これを恒温性（Homeostasis）と

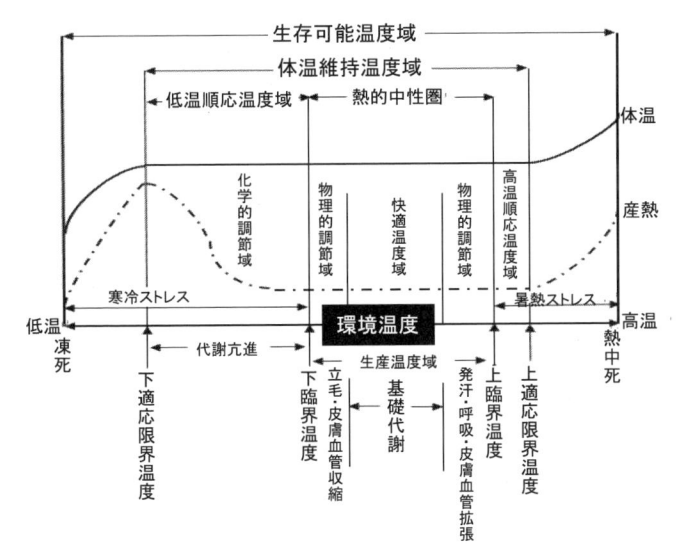

環境温度の変化に対する体温と産熱の関係（山本：畜産大辞典・養賢堂・1978を改変）

いい，間脳視床下部の体温調節中枢がそのリズムを司っています。この機能は体内での熱の生産および体外からの熱の吸収と，体外への熱の放散との均衡をとることにあります。

体熱の生産と吸収：体内での熱の生産は飼料の消化，吸収あるいは貯蔵栄養素の利用による代謝活動がその根源です。この中には生体自体の維持に直接必要とする熱量と運動や生産などのためのエネルギー代謝に伴って生産される，いわば不必要な熱量とがあります。

低温環境下で示す特徴的な生体の反応として，皮膚血管の収縮，皮膚温の低下，立毛などの物理的調節が，ふるえ産熱，非ふるえ産熱などの化学的調節があります。

体熱の放散：体熱の放散は放射，対流，伝導および蒸発の4経路によりますが，これらの説明は省きます。

■家畜はなぜ暑さに弱いのか？

梅雨が明けると本格的な夏になります。清涼飲料水の売り上げが伸び，子供たちが喜ぶ夏休みも近づいてきます。

ほとんどの家畜は全身を体毛に包まれているために，見るからに暑そうですが，実際に彼らにとって，暑さは禁物です。暑くなるとエサ喰いが悪くなったり，増体が鈍ったりしますが，なぜ，彼らは暑さに弱いのでしょうか。

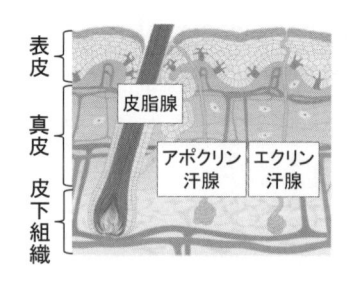

汗腺のイメージ図（花王）

家畜は恒温動物ですが，寒い時でも暑い時でも，体温を一定に保持できるのは間脳の視床下部という所に体温調節中枢というものがあるからです。寒冷環境と暑熱環境の中間を熱的中性圏といい，この温度範囲では末梢血管の伸縮と拡張で，全身への血流量を調節し，体温を一

定保持しています。つまり，この間では体温の産生が平衡状態となっています。

汗腺にはアポクリン腺とエクリン腺の2種類がありますが，動物ではアポクリン腺が主体で，発汗により体温の低下に貢献するので能動汗腺と呼ばれています。汗腺は牛で1,000～1,800個/cm^2，羊で240～340個，豚で20～30個，ヒトでは100～210個あります。数だけでは牛や羊はヒト以上ですが，ヒトの汗腺の主体はエクリン腺で，これはよく発達し，発汗機能が高いのに対し，動物のアポクリン腺を取り巻く血管組織は貧弱で発汗量が制限されています。実際にヒトでは20 g/cm^2/時間程度の発汗がありますが，羊では0.8 g，牛では5.9 g程度しかありません。なお，鶏には汗腺がまったくありません。

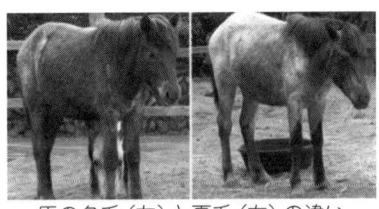

また，動物には夏毛，冬毛があり，それぞれ春と秋に換毛します。前者は短く光沢があり，後者は長く光沢を欠くのが特徴です。夏毛は夏の舎内では体熱の放散に有利ですが，舎外では直射日光による高温のため，外熱を吸収し不利に働くようです。

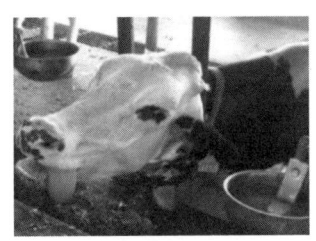

馬の冬毛（左）と夏毛（右）の違い

このように家畜は発汗による体温調節が困難なため，通常より呼吸数を多くし，体温と外気温の熱交換を盛んに行いますが，これを熱性多呼吸，"あえぎ"あるいはパンチングといいます。呼吸数の増加は個体差があるものの，牛20～25℃，羊15～20℃，豚25～30℃，鶏30℃で始まり，いわゆるパンチングの回数（一分当たり）は牛で170回，豚で200回，羊で200～260回，鶏で400～700回とされています。

パンチング中の乳牛（農水省）

家畜は自らの体温を上昇させない手段として，飲水量を増やし，食欲を低下させ，結果として飼料の利用性が低下します。また，生産性への

影響として肉質の低下（牛・豚），乳質と泌乳量の低下（乳牛），卵殻の脆弱化（鶏），雌雄の繁殖機能の低下（牛，豚）が見られるようになります。

家畜はヒトのように衣服や空調調節が自由にはできません。管理者が自分の立場になって，家畜を暑熱の悪環境から守ってあげることが生産性の向上に繋がります。

■夏バテ

後段で触れますが，家畜は圧倒的に暑さには弱いことがわかったと思います。用語としては畜産領域では「夏バテ」という表現は使われることは少ないと思われますが，「夏バテ」という言葉，暑くなってくると必ず耳にする言葉です。

熊も夏バテ（北海道：登別）

夏バテとは盛夏に，暑さで食欲が減退し，冷たい水分の摂り過ぎで体調を崩したり，クーラーなどで身体を冷やし過ぎて内臓機能が低下するなどの症状を総合していいます。夏バテ，暑気あたり，暑さ負け，夏負けと呼ばれることもあります。家畜では食欲減退が大きな要素となります。

暑さの最中，ヒトはどんな暑さ対策，避暑をしていますか？ クールビズで軽装，エアコンの設定温度は28℃，食事は低カロリーで汗をかかないものを……夏に一回だけ，どこかの避暑地に……大丈夫でしょうか，こんな状態で。

夏に負けない，夏バテにならない食事を考えてみませんか!!

●夏バテに陥るメカニズム

体内に摂取された炭水化物は，ブドウ糖に分解されエネルギーの貯蔵庫である肝臓に進みます。肝臓ではブドウ糖はさらにビタミンB_1の働

きによってエネルギーとなり消費されます。ところがビタミン B_1 が不足するとブドウ糖はエネルギーに変換されずに，疲労物質である乳酸となり，夏バテに陥ることとなります。なお，暑い季節には体内の糖を燃焼させるビタミン B_1 は，他の季節の2～3倍も多く消費されるので，不足がちとなり，結果的に疲労が蓄積し，夏バテとなります。

「ビタミン B_1 は汗や尿から排出される」，「ストレスが多いと消費も大きい」……ということで，夏にはビタミン B_1 を意識的に摂取する必要があります。

●夏バテに勝つ食材

ウナギと鶏肉のパワーについては後段で触れますが，これらにはビタミンAおよびB群が豊富に含まれているため，夏バテ，食欲減退防止の効果が期待できます。

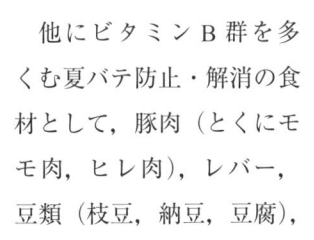

他にビタミンB群を多くむ夏バテ防止・解消の食材として，豚肉（とくにモモ肉，ヒレ肉），レバー，豆類（枝豆，納豆，豆腐），玄米，イワシ，ユズが挙げられます。

豚肉やホウレン草，ゴマなどに豊富な「ビタミン B_1」は，一定量以上は体に吸収しにくいという特徴があります。これを吸収しやすくするのが「アリシン」と

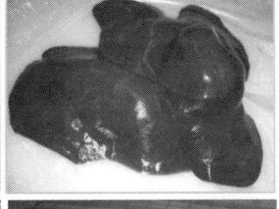

いうニンニクやネギ，ニラなどに多く含まれている物質です。「アリシン」を多く含んだ食材は臭いが強いのが特徴です。寺の入り口で「不許葷酒入山門」という文字を刻んだ門柱や看板を目にしたことはありませんか？これは「ニラやニンニクなどの臭いの強いものおよび酒は修行の妨げになるので持ち込み禁止」という意味です。ニラやニンニクは古来より精力剤的な使い方をされ，酒は判断を鈍らせるという根拠に基づいての戒めといえます。

さらに，疲労の原因とされる体内の乳酸の排出を促すのが「クエン酸」ですが，酢，梅干し，柑橘類（ユズ，グレープフルーツ，レモン）などに多く含まれています。つまり，「ビタミンB群」，「アリシン」，「クエン酸」の3つの栄養素が豊富な食材を組み合わせることで疲労回復メニューが誕生します。

●土用の丑の日とウナギの関係

土用とは五行（古代中国に端を発する自然哲学の思想で，万物は木・火・土・金・水の5種類の元素からなるという説）に由来する暦の雑節で，1年のうち不連続な4つの期間で，四立（立夏・立秋・立冬・立春）の直前約18日間を指します。俗には，夏の土用（立秋直前）を指すことが多く，夏の土用の丑の日にはウナギを食べる習慣があります。

土用にウナギを食べる習慣の由来には諸説ありますが，平賀源内が発案したという説が有力です。これは当時の話題を集めた『明和誌』に記されていますが，それによると，商売不振の鰻屋が，夏に売れないウナギを売る算段を源内に持ちかけました。源内は，「丑の日に『う』の字が附く物を食べると夏負けしない」という民間伝承からヒントを得て，「本日丑の日」と書いて店頭に貼ることを勧めたところ，物知り源内が言うことなので，その鰻屋は大変繁盛したそうです。

平賀源内

その後，他の店もそれをまね，土用の丑の日にウナギを食べる風習が定着したようです。実際にウナギ以外に，梅干や瓜などを食する習慣もありましたが，今日においてはほとんど見られません。

ウナギ蒲焼重

実際に，ウナギにはビタミンA・B群が豊富に含まれているので夏バテ，食欲減退防止の効果が期待できます。しかし，ウナギの旬は冬眠に備えて身に養分を貯える晩秋から初冬にかけての時期で，秋から春に比べても夏のものは味が落ちるようです。

● 熱さをもって暑さを制す

これは，暑いからといって冷たい食べ物や飲物ばかりを摂るのではなく，熱いもので身体の芯を温めて，発汗を促し，新陳代謝を盛んにしようという発想です。

韓国では熱いスープ料理である蔘鶏湯（サムゲタン，삼계탕）が夏の料理として知られ，専門店も多くあります。ちょうどウナギのように，日本の土用の丑の日に食べると健康に良いとされています。このため夏期だけ提供する食堂が多いですが，専門店では一年中食べることができます。

サムゲタン
（鍋はトゥッペギと呼ばれる韓国の土鍋）

丸鶏を水炊きし，塩などで食べるペクスク（白熟）と，餅米で作る粥がコラボしたタックク（鶏肉のスープ）が原型です。初め高麗人参は粉末でしたが，次第に丸ごととなり，鶏蔘湯（ケサムタン）と呼ばれていましたが，人参の効能を強調するために蔘鶏湯（サムゲタン）と改名されました。

蔘鶏湯は材料さえ入手できれば家庭でも簡単に作れます。韓国内では鶏肉はサムゲタン用に若鶏を処理したものが販売されており，日本の韓国食材店でも冷凍物を扱うところもあります。また，レトルトパックも

販売されていて手軽に味わうこともできます。参鶏湯は一羽を丸ごと使い，カロリーが高く，夏バテの疲労回復食として，よく食べられています。韓国料理は辛いものと連想しますが，これは子供も，老人も問題なく食べることができます。

　調理は内臓を出した若鶏の腹に高麗人参と餅米，さらに干しナツメ，栗，松の実，ニンニクなど薬膳料理の食材を詰めた後，水に入れて2～3時間じっくり煮込みます。煮込む際に長ネギなどを加えることもあり，一人1羽ずつ，熱々のスープに入れてトゥッペギと呼ばれる小さい土鍋で供します。鶏肉もビタミンA・B群が豊富なことはいうまでもありません。なお，調理時に味つけをせずに，食卓で塩・コショウ，キムチなどで味を調えて食べます。

サムゲタン（レトルトパック）

■身体を温める食品と冷ます食品

　漢方の考え方で，陽性（熱性）食品，陰性（寒性）食品，中性（中庸）食品という区分があります。陽性食品は適度に食べることにより冷え解消に有用，陰性食品は冷え性を招来，中性食品は陽性と陰性の中間的な性質があるので積極的に食べるべきとされています。陽性食品としては鶏肉，鶏卵，豚肉，牛肉，チーズ，魚，塩，味噌，梅干し，納豆が，中性食品としては玄米が，陰性食品としては葉菜類，牛乳，豆類，酢，トマト，白砂糖，バナナなどがあります。つまり，陽性食品には熱の産生を増加させる成分が，陰性食品には熱の産生を抑制させる成分がそれぞれ含まれていると考えられています。

主な食品の性質

	陰(寒・涼)の食品	陽(熱・温)の食品	陰と陽の中間の食品
野菜・イモ・キノコ類	アスパラ, ナス, キュウリ, セロリ, 大根, タケノコ, 冬瓜, トマト, ゴボウ, 白菜, ホウレンソウ, レタスなど	カブ, カボチャ, シソ, 生姜, 玉ねぎ, ニラ, 人参, ネギ, ニンニク, パセリなど	キャベツ, 蓮根, チンゲンサイ, 春菊, サツマイモ, ブロッコリー, 椎茸, サトイモ, ジャガイモ, 大和イモなど
穀類・豆類・種実類	大豆, 小麦など	玄米, もち米, クルミなど	そば, トウモロコシ, 小豆, 大豆, ぎんなん, ゴマ, ピーナッツなど
魚介・海藻類	アサリ, ウニ, カキ, カニ, 鮭, シジミ, ハマグリ, 昆布, 海苔, ヒジキなど	アジ, イワシ, 海老, サバ, ブリ, マグロなど	イカ, 鰻, 鯛, カツオ, タコ, ホタテなど
肉類・牛乳・卵類		牛肉, 鶏肉, 羊肉, 豚レバーなど	牛レバー, 豚肉, 鶏レバー, 卵黄, 牛乳など
果実類	柿, スイカ, 梨, バナナ, メロン, パイナップル, パパイアなど	アンズ, 栗, サクランボ, 桃など	イチジク, 梅, スモモ, ブドウ, ビワ, リンゴなど
加工食品・その他	こんにゃく, 茶, チーズ, バター, 醤油, 豆腐, ビール, 白砂糖, 食塩など	納豆, コショウ, 山椒, 酢, トウガラシ, 味噌など	黒砂糖

●肉と野菜の組合せ

「ビタミンB群を豊富に含む夏バテ防止・解消のメニュー」ですが，B群のビタミンはアリシンと一緒に食べると吸収が向上します。アリシンがたくさん含まれているのはネギ，ニンニク，ニラ，タマネギなどなので，これらと一緒に食べるのが効果的でしょう。①豚シャブ（ニンニクを薬味にして，柑橘類のタレを使う），②レバニラ炒め，③豆腐の肉あんかけ（豚ひき肉と豆類），④ゴーヤチャンプル（ゴーヤのビタミンCは熱に強い），⑤豚肉の角煮（白髪ねぎをたっぷり添えて），⑥酢豚（豚肉，タマネギ，酢もたっぷり），⑦餃子（ポン酢で召上れ）。

「クエン酸を豊富に含む夏バテ防止・解消の食材メニュー」はビタミンB群も同時に取れるものが推奨されます。⑧豚肉のレモン和え（豚

肉をレモンに漬けたものを軽く炒めたもの)，⑨冷やし中華（具に豚肉と白髪ネギをたっぷり入れ，酢をたっぷりかける)，⑩酢の物（沖縄のミミガーは絶品）

その他に薬味・香辛料・香味野菜で食欲増進を図ります。つまり，トウガラシ，ワサビ，カレー粉，シソ，ミョウガ，ショウガなどを普段よりたくさん使う工夫をすれば食欲モリモリとなります。

●肉が体温を上げる理由

身勝手なもので，ヒトは寒くなればなったで，暖かくする手段を考えます。

肉類はおおよそ高タンパク，高脂肪で，体を温める食品とされています。とくにラム肉（羊肉）は，寒いモンゴル地域で食べられている身体を温める食品です。健康について扱っている本などの媒体を見ても「冷え性・低体温改善にはラム肉！」みたいなことが書かれています。脂肪（16.0％）が多く，カロリー（227 kcal）が高いのが特徴です。なお，鶏肉（11.0％, 181 kcal）と豚肉（13.5％, 210 kcal）でのこれらの数値も高く，牛肉（7.3％, 157 kcal）や馬肉（2.5％, 110 kcal）の比ではありません。

ところで，ラム肉については明治時代の書物である「本草関係図書目録」の中では「羊肉は元気を補い，血の気を良くする温を補う品であり，冬でも

夏でもラム肉を食べれば，むくみをとり，寒さに強くなり，心と胃が暖かくなる」とあります。

「大寒」は一年の最後の節気で，大雪から冬至，小寒までの間のように寒くはありませんが，寒い時期にあたります。日本の風習で，とくに農村では，「大寒」になると，人びとは急いで古いものを取り除き新しいものを迎え，旧正月の料理の材料を塩漬けにし，その用品の用意を始めます。清代の『真州竹枝詞引』には，「豚肉，鶏肉，魚，アヒルを塩漬けにし，これを旧正月の料理の材料とし，それを調理して新しい年を迎える……」との記載があります。

確かに，肉を食べた後は，体がカーッと燃え上がって，元気が出る気がしますね。肉を食べて寒さを乗り切りましょう!!

2011年は福島の原発事故の影響で，冬から夏にかけて，節電の呼びかけが各所でされ，頑張った記憶があります。貴方は冬と夏，つまり寒いのと暑いのとでは，どちらが苦手でしょうか？

羊しゃぶしゃぶ（中国・赤峰にて）

冬の内蒙古（中国・赤峰にて）

「真州竹枝詞引」が収録されている書籍

■夏毛と冬毛

温帯や寒帯にすむ哺乳類では，夏季と冬季ではその体毛は異なっていて，夏の毛（夏毛）は冬の毛（冬毛）より毛足が短く，下毛（綿毛）を欠き，保温力が劣り，毛皮としての価値は低いようです。しかし，冬毛では，夏毛に比べて上毛の毛足が長く，その下に細い綿毛を密生させ大

量の空気を蓄え、冷たい外気から身体を遮断し、体温が低下するのを防いでいます。

リスの夏毛と冬毛（井の頭動物園：東京）

夏毛は冬毛より毛の色が濃く、冬毛で純白なオコジョ、イイズナ、ユキウサギなどでは褐色で、暗褐色で白斑のないニホンジカでは赤褐色の地に多数の白斑があり鮮やかに見えます。また、冬毛の色は夏毛よりわずかに淡い程度ですが、ニホンジカでは白い斑点がなくなり、テンでは黒褐色から鮮黄色に、ユキウサギ、トウホクノウサギ、オコジョ、イイズナなどでは褐色から白色に変わります。

つまり、周囲の環境に溶け込むような保護色としての効果です。毛の生え代わりについては、春には古い冬毛が抜け落ちる前に夏毛が生え始め、秋になると下毛が加わって、そのまま冬毛に移行するものと、抜け落ちて新しい冬毛にかわるものとがあります。

身近にいるネコやイヌを観察するとよくわかりますが、冬は毛のボリュームが多く、ふあっとした感じですが、夏の毛はボリューム感に欠け、肌が露出気味です。

11. 卵に関するはなし

「卵が先か？」,「鶏が先か？」,どちらが先かという因果性のジレンマの答えは未だに解決されていません。卵がなければ鶏が生まれないし,鶏がいなければ卵も生まれない。だから最初は一体どっちだったのだろう,といったことがいわれます。

しかし,最近の遺伝子工学の発達により,生物の誕生において,「卵が先」ということは決してあり得ないことがわかってきました。私たちは卵と鶏を見てみると,一見,卵の方が簡単なもののように見えるので,きっと「卵が先」,と思ってしまうかも知れません。ところが,卵は一個の細胞で,その細胞の核の中には「遺伝子」が入っています。

ここでは卵の不思議に迫ってみましょう。

■鶏はなぜ毎日,卵を産めるのか？

夏バテ解消にドリンク剤を飲んだりします。しかし,ちょっと前までは,「生卵を飲んでモリモリ」なんていっていました。また,病気見舞いにモミガラ入りの箱詰め卵を使っていたこともありました。毎日の産卵が可能なパワーと卵の滋養に秘密がありそうです。

現在,多く飼われている品種は単冠白色レグホーンです。生後120～130日齢頃より産卵を開始し,約2年で淘汰されますが,年間に250～300個の卵(卵重は55～65 g)を産むので,生涯では550～600個程度の産卵をすることになります。

ちなみに,わが国の採卵鶏の飼養羽数は1億8,000羽ほどで,年間25億個の卵が生産されており,その自給率は畜産物の中では最高の

96％となっています。

トリモツを買うと，卵のもと（卵黄のもと）をたくさん確認できますが，肉眼で2,500個，顕微鏡では10,000個も観察可能です。卵の形成は卵胞の成長→卵黄成分の卵母細胞への集積→排卵→卵白および卵殻膜と卵殻の形成から成り立ちます。

産卵鶏における卵管各部位の長さ，滞留時間，卵形成に関する役割

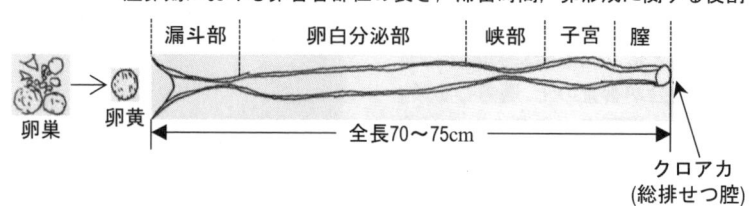

卵管部位名称	漏斗部	卵白分泌部（膨大部）	峡部	子宮	膣	（全卵管）
長さ(cm)	11	34	11	10	7	全長70～75cm
卵滞留時間	15～25分	3～3.5時間	1.25～1.5時間	18～22時間	1～3分	全滞留時間24～27時間
卵形成に関する役割	卵黄周囲膜外層形成	卵白構成物質分泌	卵殻膜形成	卵白部完成卵殻形成	粘液分泌	

卵巣には大型の黄色卵胞が数個，順序正しく発達し，1回の排卵時に1個ずつ順番に卵胞が破裂し，中の卵黄部を排出します。その次に排卵される卵胞は卵黄の蓄積を始め8～9日で，成熟卵子として腹腔内に排卵されます。

そして，卵管の漏斗部に入り（落ち），卵管内で卵黄周囲に卵白，卵殻膜，卵殻が形成されます。卵白の形成は卵管膨大部で，狭部で卵殻膜が，子宮部で卵殻が形成されます。卵管で卵が完成するのには24～27時間かかるので，まさに卵管は山手線の電車なみの団子状態で卵の生産が連続的に行われているのです。

■鶏は1回の交尾で10日以上も受精卵が産めるのはなぜ？

育種改良された産卵鶏は，ほぼ毎日の産卵が可能ですが，多くは非受精卵です。しかし，受精卵の方が非受精卵よりも高価に取引されます。

鶏は1回の交尾で，平均11〜15日間も受精卵を産み続けることが可能ですが，なぜでしょうか？

基本的に受精卵の生産には交尾や人工授精で雌生殖器内に精子を送る必要があります。雄生殖器から射出された精子の寿命は体温同等の40℃保存で，数時間以内で死滅，低温保存でも授精力は3日程度で消滅します。

卵黄のもと（キンカン）がたくさん

しかし，雌生殖器内に進入した精子は特別な機構で最大1ヶ月強という長期間の生存が可能です。その機構は未だ完全には解明されておらず，2説があり，いずれも雌生殖器内粘膜の構造に秘密があるとされます。

1つの学説は卵管漏斗部にある腺状の割れ目の中に精子の集団が滞留していることから，スパーム・ネスト（精子の巣）が存在するというものです。

別の学説は，精子は子宮・腟移行部の腺内に貯蔵され，放卵と関連のある間隔で放出され，受精に関与するというもので，現在ではこちらが有力です。精子の貯蔵場所については若干の差違がありますが，共通の見解として，雌生殖器内に入った精子は，子宮の蠕動運動で，一旦は卵管先端に輸送された後，漏斗部下方または子宮・腟移行部のヒダにある精子の巣に貯蔵され，ここで栄養分の供給と老廃物の除去を受け，長期間の受精能力を保持すると考えられています。

貯蔵精子は排卵された卵黄の生殖器内通過時に，この部分が広げられることにより少しずつ遊離し，上走し卵管膨大部に移動し受精します。実際に精子の巣には長期間精子が存在し，液を入れた風船をこの部分に通すと精子が遊離し，しかも，新鮮な精子と同じ様な形態を保っています。

交尾や人工授精後の最終受精卵は，最短で5日，最長で35日後に得られますが，受精率が高いのは6〜7日までで，その後は低下します。

精子の生存と受精能力の保持とは異なり，運動能力はあっても受精能

のない精子は往々に認められます。精子を0℃近くで保存すると，その精子は6〜7日間生存しますが，受精能力は24時間前後で失われます。しかし，精子の巣に長期間保持された遊離精子では，受胎率は低下しても，受精能力を有していることが証明されています。これぞ生命の神秘でしょうか。

■鶏卵の固まり方の不思議と機能特性

●鶏卵の固まり方の不思議

卵には寒い日にすき焼きやおでんなどでお世話になります。卵の家庭用消費が多いのは12月と5月とされていますが，5月ともなると遠足や行楽で消費が伸びるためと考えられます。

さて，この卵ですが加熱温度の微妙な違いで固ゆで〜半熟とバラエティーに富んだ食べ物になります。ここではこの疑問について触れてみましょう。

＜タンパク質はなぜ固まるのか＞

タンパク質は全卵の13%（卵白の10%，卵黄の16%）を占めています。このタンパク質はアミノ酸が数珠玉のように連結してできた高分子（水素結合）で，通常はこの状態を保持します。加熱により水素結合が切断され，立体構造が崩れることを変性といいます。変性によりタンパク質同士がくっつき合って凝集しますが，これを凝固といい，その性質を凝固性またはゲル化性といいます。

タンパク質を変性させるのは熱だけではなく，酸やアルカリ，濃い塩や金属イオンも変性させます。レモンと牛乳を混ぜたり，豆乳とニガリを混ぜたり，牛乳にレンネットを混ぜても固まります。

卵白タンパク質の組成は50〜60%を占めるオボアルブミンを主に，コンアルブミン，オボムコイド，オボグロブリン，オボムシン，アビジ

ン，リゾチウムなど13種類が確認されています。卵白タンパク質のほとんどは球状の糖タンパク質で，これとオボムシンという繊維から構成されています。濃厚卵白ではオボムシンのうち不溶性のものが多く，これが凝固性に関与し，時間経過により濃厚卵白も水様性卵白状に変化します。

卵黄タンパク質の多くは脂質と結合したリポタンパク質と呼ばれるもので，とくに低密度リポタンパク質が全体の65%を占め，他にリベチン，ホスビチンおよび高密度リポタンパク質により構成されています。

＜加熱による変化＞

鶏卵は加熱することによりその状態が変化しますが，卵白の粘度は56℃程度から上がり，58℃で白濁状態になり，62℃でゼリー化し，80℃で完全に凝固します。一方，卵黄は64℃程度から粘度が増加し糊状に，70℃で完全に凝固，80℃では卵白も卵黄も完全に固まり砕ける程度の固さとなります。70℃で長時間加熱すると半熟卵となるもののゼリー状を保っています。この温度での凝固状態は消化吸収が良く病人食として用いられ

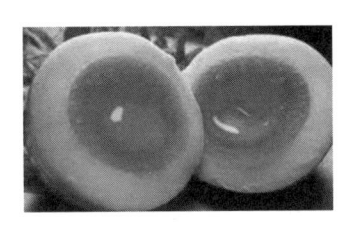

半熟ゆで玉子

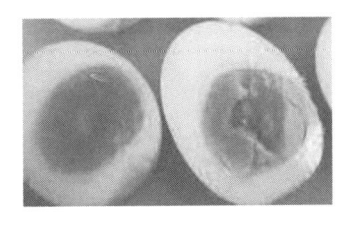

ゆで玉子

ます。また，65℃の低温で50分以上加熱すると卵黄も卵白も半熟の通称温泉玉子ができます。しかし，液卵をだし汁で薄めると凝固温度が変わり，3倍に薄めると凝固温度は85℃以上になり，7倍では固まらなくなります。

＜凝固状態と卵のタンパク質＞

卵白タンパク質の熱変性温度はオボアルブミンが78℃，オボトランスフェリンが61℃，オボムコイドが77℃，リゾチームが75℃であり，構成タンパク質により差が見られます。とくに，オボアルブミンは卵白の凝固温度に大きな影響を与えています。また，オボムコイドやオボム

チンは通常の加熱条件では凝固しないことが知られています。

卵黄の凝固には低密度リポタンパク質が主に関係しています。殻つきで加熱すると卵黄は砕けやすくなりますが、卵黄のみを加熱すると固くなります。これは卵黄の顆粒が熱対流によって撹拌・破壊されることによるものと考えられます。

＜鶏卵の凝固性の利用＞

卵白は58℃から、卵黄は68℃から凝固が開始するのが、加熱方法で若干は異なります。また全卵とすると66℃となります。卵以外の食材を加え、凝固温度を変えることによりゆで玉子、卵焼き、茶わん蒸し、プリンなどを作ることができます。

●鶏卵の機能特性

鶏卵は種々の食品に応用され、卵そのまま、あるいは小麦粉などを加えて利用されています。卵の持つ特性を十分に発揮させないと、目的とする食品も望ましいものにはなりません。

以下に鶏卵の特性について述べましょう。

＜乳化性＞

水と油といった混ざりにくいものを混ぜ合わせる性質を乳化性といいます。卵黄の乳化力はレシチンと卵黄タンパク質の結びついたレシトプロテインによるもので、レシチンのみ、あるいは卵黄タンパク質のみでは乳化力は発揮しません。

卵黄に親水性のレシチンやケファリン、親油性のステロール類が存在し、これらが水と油を結びつける能力を有しています。

応用例として、マヨネーズ、ドレッシング、アイスクリームなどがあります。

＜熱凝固性と粘着性＞

卵白タンパク質の主要成分であるオボアルブミンは熱によって変性凝固します。卵白は57℃で粘度を増し、58℃で白濁し始め、62℃以上になると流動性を失って軟らかいゼリー状になりますが、さらに温度を上

げると硬さを増します。

70℃で塊状となりますが、またゼリー状を保ち、それ以上で硬化します。

応用例として、水産練製品（蒲鉾など）、畜肉製品（ハム、ソーセージ）、麺類、卵焼き、茶わん蒸し、卵豆腐などがあります。

＜起泡性＞

卵白を撹拌すると泡が形成されますが、これを起泡性といいます。起泡性は卵白で重視されます。泡のボリュームが大きいだけでなく、硬く、逆戻りしないものが良質とされます。

応用例として、ケーキ、カステラ、マシュマロ、メレンゲなどがあります。

■イースターと卵の関係

クリスマスはキリストの誕生日だということは誰でもが知っていますが、復活祭はどうでしょうか。これはキリスト教の典礼暦における最も重要な祝い日で、十字架に掛けられて死んだイエス・キリストが3日目によみがえったことを記念するもので、「復活の主日」、あるいはイースター Easter（英語）ともいわれます。イースターの日にちは、春分の日以降最初の満月の後の日曜日と決められているので、毎年変わり、3月下旬から4月上旬にあたりますが、2016年は3月27日となります。また、イースターを中心にイースターの何日前、あるいは何日後は○○の日といったように物事の基点にもなっているようです。

この復活祭にかかわる習俗として最も有名なものにイースター・エッグ Easter egg があります。これは復活祭に殻に鮮やかな彩色を施した

り，美しい包装をしたゆで卵を出す習慣ですが，キリストは十字架にかけられて死んでから3日目に復活したので，ちょうどヒヨコが卵の殻を破って出てくるように，キリストも死という殻を破ってよみがえったことを象徴しているのです。冬が終わり草木に再び生命がよみがえる喜びを表したものともいわれています。

国や地域によっては復活祭の際に庭や室内のあちこちに卵を隠して子供たちに探させるといった遊び（エッグ・ハント）も行われます。近年では卵だけでなく，卵をかたどったチョコレートも広く用いられています。また，ゼリービーンズなどのキャンディを詰めたプラスチックの卵で代用したり，プラスチックの卵に現金を入れるようなこともあります。

英語圏やドイツではイースター・バニーが卵を運んでくる（または産む）ものとされています。ウサギは多産で子孫繁栄の象徴とされていて，パワーポイントのクリップアートで卵を検索するとウサギが何枚か出てきますが，その理由もこれで納得しました。まあ，古来より卵とウサギは豊穰のシンボルだったようです。

テレビなどで見たことがある方も多いでしょうが，ホワイトハウスでも毎年行われることで有名な，丘の上から卵を転がすエッグロール egg roll，卵をスプーンに載せ，落として割らないように気をつけながら，誰が一番にゴールにつけるかを競うエッグレース Easter Egg Spoon Race も人気です。これは，まるで運動会のような騒ぎなのでしょうね。

最後に，ちょっと難しい話ですが，西方教会と東方教会では，伝統的に四旬節（しじゅんせつ：復活祭の46日前の水曜日から復活祭の前日までの期間のこと）の期間中禁じられていた肉，乳製品，卵が復活祭の日に初めて解禁になるので，復活祭の食卓にはこれらの動物性食品が並びます。また，卵，バター，乳などをふんだんに使った復活祭独特の菓子パンやケーキも作られます。

12. 蚊と日本脳炎・蚊取り豚に関するはなし

　最近は衛生的になり，夏になっても蚊に刺される機会はめっきりと減ってしまいました。しかし，昭和20～30年代頃まではよく蚊に刺されていました。少なくなったとはいえ，夏の間，何回かは「蚊取り線香」のお世話になったことと思います。現在では，電気式のものが主流ですが，例の口を大きく開けた筒型の豚の蚊取り（「蚊遣り豚（かやりぶた）」が正式名称）をみると不思議と和んできます。なぜそれが豚なのか，調べてみることにしました。

■蚊取り豚の発祥

　これには3つの説があります。①東京新宿区の武家屋敷跡（江戸時代には内藤新宿と呼ばれた現在の新宿・四谷界隈）から江戸末期の「蚊取り豚」が出土しました。大きさは長さ35 cm・直径23 cmと現代のものと比べるとかなり大きめです。蚊取り線香そのもの発明は明治時代に入ってから（1886年）なので，江戸時代では杉の葉やオガクズなどの嵩（かさ）ばるものをいぶして蚊を追い払っていたと思われます。蚊取り豚の出現以前は土でできた火鉢などを使っていたようです。形としては豚の顔についている鼻の穴の部分が，現在のものと比べてずいぶんと細くなっており（おちょぼ口，ビンの口のような感

新宿区立新宿歴史博物館所蔵

江戸時代の虫除け
（深川江戸資料館）

じ），サイズは異なりますが徳利を横にしたような感じがします。もともと一升ビン，あるいは徳利の底を抜いていぶし用に使っていたら，形

119

登り窯(愛知県常滑)

が豚に似ていたので，いっそのことというところでしょうか。

②愛知県常滑市が発祥という説。愛知県は養豚が盛んな地域ですが，豚を刺す蚊に困り果て，最初は土管の中に蚊取り線香を入れて使っていたそうです。しかし，土管では口が大き過ぎるので，煙を効率良く拡散させるため，少しずつ口を縮めていくうちにその形が豚に似てしまい，「折角だから」とばかりに豚の形にして昭和20年～30年頃に常滑焼のお土産にしたところ，それが大ヒットして広まったという説。余談でしょうが，常滑市周辺では「蚊取り豚発祥の地」という伝統からか，KINCHOが特別協力をする形で毎年「アートな蚊取り豚展」が開催されているそうです。

③他に，蚊取り豚の原型は豚ではなくてイノシシであって，そのイノシシが「火伏せの神」として信心の対象になっていたからという説や，豚は「水神の使い」といわれている説もあります。

■豚以外の蚊取り

まさか豚以外の蚊取りは無いだろうと思いながら調べてみると，犬，猫，象，狸，鼠，羊，熊，兎，鯨，魚，フクロウ，蛙，金魚……まだ他にもあるかも知れません。

■日本脳炎と蚊の関係

ところで、日本脳炎は日本脳炎ウイルスに感染した蚊（主にコガタアカイエカ）に刺されることで感染しますが、熱帯地域では他の蚊もウイルスを媒介します。日本では家畜伝染病予防法における監視伝染病であり、感染症の予防及び感染症の患者に対する医療に関する法律（略称：感染症予防法）における第四類感染症に指定されています。

●ヒトへの影響

ヒトでの潜伏期は6～16日間、高熱、痙攣（けいれん）、意識障害を主兆とし、治療方法は対症療法のみで、致死率は20％程度、半数以上は脳にダメージを受け、麻痺などの重篤な後遺症が残ります。豚、馬、ウサギ類ではこのウイルスに対する感受性が高く、とくに豚は増幅動物としての役割を演じます。そのためにウイルスの蔓延状況を調査するために豚の抗体状況を調べ、ヒトでの日本脳炎の予察に使用しています。

●動物への影響

＜主な原因＞

日本脳炎ウイルスに感染している豚の血液を吸ったコガタアカイエカは、自分の体内でウイルスを増殖させ、他の健康な豚を吸血する際にウイルスを伝播します。

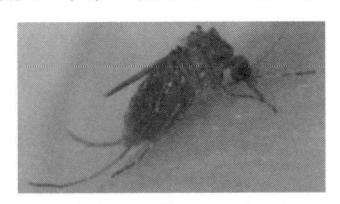

吸血中のコガタアカイエカ

したがって、毎年その地域での蚊の吸血活動が活発になる時期に発生し、流行地域は南から北に拡大します。異常産は、春から夏にかけて種付けされるワクチン未接種の初産豚に多く発生し、発病季節は8～11月の間です。しかし、経産豚は免疫を獲得しているので異常産はほとんど発生しません。

＜主な症状＞

母豚は感染しても妊娠中は無症状なので、多くの場合、異常産の発生により初めて本症の発生に気づくようです。異常産は

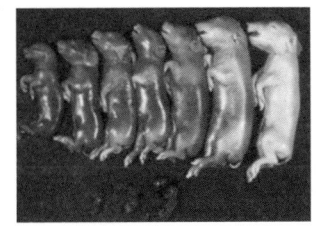

豚胎子の死流産

胎子ごとに感染時期が異なるため,ミイラ・黒子・白子などの死産胎子を娩出する他,娩出直後から震え,痙攣,旋回などの神経症状を示して死亡する子豚が混在します。妊娠早期に感染すると,初期胚や感染胎子は吸収されるため,産子数の減少や不妊の原因となります。雄豚は精巣が腫大し,交尾欲減退,精子数の減少などにより不妊症となります。

＜主な予防法＞

春から夏にかけて種付けを予定している初産豚を対象にワクチン接種を行います。

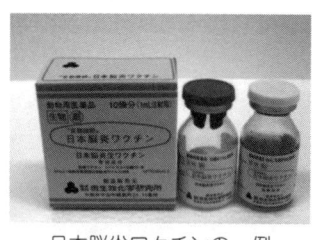

日本脳炎ワクチンの一例
（微生物化学研究所）

■蚊やハエによる被害

衛生害虫として,蚊やハエは問題となります。両者の生息環境が近似していたりもするので,一括して述べてみましょう。

(1) 蚊

蚊による被害は,ハエと異なり主に病原体の媒介によって起こる病気の発生があります。コガタアカイエカによって媒介される日本脳炎は,人畜共通伝染病で,豚においては分娩予定日前後に,白子,黒子,ミイラ化した胎児,脳水腫などの異常子を娩出したり,胎内で死亡せず,異常子を娩出したり,分娩後まもなく神経症状を呈し死亡するものもあります。妊娠初期に感染したものでは早期に胎児死亡が起こり,一部吸収され産子数の減少など繁殖成績に影響をもたらし,経営にも被害を与えます。また,ヤブ蚊の襲来により豚に皮膚炎,安眠妨害などストレスを与えることも少なくありません。

(2) ハエ

農場に侵入あるいは発生する衛生害虫の中でもとくにハエは,農場内の被害のみならず,近隣住宅街へのハエの飛来という公害問題を引き起こします。ハエの大量発生は,畜産に係る環境問題の1つとして取り上

げられることがあります。ハエが赤痢菌やチフス菌などを体に付着させて運搬することは古くから知られていますが，現在では，多種の殺虫剤の開発，生活環境の改善などにより，人の生活環境からハエが少なくなってきました。このようなことから現在のわが国の状況では，ハエが細菌やウイルスなどの病原体を伝播する役割を果たしていることはほとんどないと考えられてきました。しかし最近の調査によって，病原体を付着させて伝播するばかりでなく，腸管内で細菌を増殖してふんとして排出するという報告がされています。また大量発生により不快感を与えるニューサンスとしてのハエが，公衆衛生上の問題としてクローズ・アップされています。とくに，多くの人の生活環境は，ハエのいない快適な環境であるので，畜舎からの大量発生は放置することができない状況になってきています。

●蚊・ハエの発生源と発生時期

(1) 蚊

蚊はハエとほぼ同時期に発生がみられますが，その発生場所は，蚊の種類により異なります。たとえば，シナハマダラカやコガタアカイエカは池や沼，湿地などの自然の水系で発生していましたが，最近では，水田や人造湖などの人間が作り出した人工の水系の方が面積が大きいので，重要な蚊の発生場所となっています。トウゴウヤブカは海岸の岩上の水溜まりで，ヒトスジシマカは人家の水溜まりや竹の切り株や樹洞，道路側溝の水溜まりなどで，アカイエカは下水などの生活廃水などで発生します。畜舎周辺や浄化槽からはアカイエカ，オオクロヤブカなどが発生します。このように，人間が生活しているほとんどの水溜まりが蚊の発生場所となってしまうので，農場周辺の水溜まりや雑草が生育する場所などの環境整備が重要です。

(2) ハエ

ハエの発生源としては，人の生活環境や家畜の飼育場所が最も多いです。とくに，農場では堆肥施設，処理前の生ふん，ピット内に残されたふん，汚水溜まり等で発生し，放置された腐敗飼料なども発生源となり

ます。また、堆肥施設の発酵熱やウィンドウレス畜舎の普及により、冬でもハエの幼虫の発育を可能にする温度が年間を通じて保たれていることが、発生を助長させています。発生時期は年ごとにまた地域ごとに差があるものの、3月頃から現われ春バエと呼ばれ5～6月頃が発生のピークとなり、一時的に減少し、再び9月頃から秋バエと呼ばれ大量発生するパターンをとることが多いようです。

● **発生するハエの種類**

ハエの種類は、およそ数千種類記録されていますが、わが国で衛生害虫として重要なものは、イエバエ科（イエバエ、オオイエバエ、サシバエ）、ヒメイエバエ科（ヒメイエバエ）、クロバエ科（オオクロバエ、ケブカクロバエ、キンバエ、ヒロズキンバエ、オビキンバエ）およびニクバエ科（センチニクバエ、ナミニクバエ）などです。これら主要なハエの分布、発生場所、活動様式、食性などの特徴を表1に示します。

表1　ハエの種類と特性

種類	地理的分布	地域的分布	発生場所	活動時期・越冬様式	活動場所	食性
イエバエ	九州	農村部	ゴミ系列、畜舎系列	年間	屋内	植物質
オオイエバエ	北海道	―	ゴミ系列、漬物桶	受精メスが冬眠	屋内	植物質
サシバエ	全国	―	畜舎系列	幼虫とサナギで越冬	―	吸血性
ヒメイエバエ	北海道	市街地	ふん尿系列、漬物桶	年間	屋外	植物質
クロバエ類	全国	―	ふん尿系列	幼虫とサナギで越冬	野外	動物質
キンバエ類	全国	人の生活環境	ゴミ系列、動物死体、野ふん	幼虫とサナギで越冬	野外	動物質
ニクバエ類	全国	森林などの自然環境	ゴミ系列、畜舎系列	サナギで越冬	野外	動物質

イエバエ　ヒメイエバエ　オオクロバエ　オビキンバエ　センチニクバエ

● 蚊・ハエの駆除と問題点

(1) 蚊

蚊は雌だけが吸血し，吸血後数日で発生源の水面に産卵します。発生源が水溜まりであるため，それらをなくすることは非常に難しいですが．水路などの清掃を定期的に行い，また，豚舎周辺は，水はけをよくし，草刈りなどにより除草を頻繁に行い，雨水が溜まるような空カンなどを放置しないなどの発生源を少なくする努力が必要です。蚊とハエの発生時期は同じなので，薬剤により蚊とハエは同時に駆除することが可能です。

(2) ハエ

ハエの発生を防止するためには，発生源対策と駆除剤による総合的対等を徹底して実施しないと，なかなかその効果が現われてこないのが実態でしょう。ふん堆積場に覆いをつけるなどの整備を行い，切り返しを励行し好気性発酵を十分にさせることも重要です。また，腐敗した餌などは早めに処分するよう心がけなければなりません。殺虫のために薬剤を使用する場合には，ハエが発生し始める時期に全豚舎はもとより，堆肥置き場，汚水溜めなどにも同時に散布することが必要です。畜舎内の散布は，畜体への直接処理が可能な動物用医薬品を用いて行いましょう。

ハエは2週間で卵から幼虫（蛆），蛹を経由して成虫になり産卵を開始し，1匹のハエから一度に50〜100個の卵を産み，しかも，その産卵場所と成虫が活動する場所が異なります。産卵場所や幼虫の棲息場所である発生源で次から次へと新しい個体が発生するので，一度や二度の殺虫剤の散布で成虫を駆除しただけでは完全に駆除することは容易ではありません。畜産用の殺虫剤として動物用医薬品に指定されているものには，除虫菊製剤（ピレスロイド系），有機リン製剤，それらの合剤，カーバメイト系等の他，卵から幼虫，蛹に至る発育過程に作用しその発育を阻害するIGR剤が開発され使用されています。動物用医薬品の主な殺虫剤成分一覧を表2に示します。一方，殺虫剤に対する抵抗性の問題

表2 主な殺虫剤(動物用医薬品)の一覧

殺虫剤の系統	薬 剤 名
有機リン系	フェニトロチオン, ジクロルボス, トリクロルホン, アザメチホス, プロチオホス, ナレド, クマホス, プロペンタホス
ピレスロイド系	ペルメトリン, フェノトリン, ピレトリン, エスビオール, クリスロンフォルテレスメトリン, フタルスリン, シフルトリン, d-T80-レスメトリン, エトフェンプロックス
ピレスロイド+有機リン等含有	フェニトロチオン+レスメトリン, フェニトロチオン+フタルスリン, フェニトロチオン+ペルメトリン+フタルスリン
カーバメイト系	プロポクスル, ガリバリル, 2-セカンダリーブチルフェニール-N-メチルカーバメイト
その他, 昆虫発育阻害剤など	ピリプロキシフェン, ジフルベンズロン, シロマジン, トリフルムロン, テフルベンズロン

が局地的に発生しており, 薬剤ローテションや用量の変更などの方法もとられていますが, なかなか十分な方法が見つかっていないのが現状です。今ある殺虫剤を大切に使っていくためにも, 発生源への環境対策がハエの発生防止対策として重要でしょう。

13. 副産物に関するはなし

副産物とは,「主産物の製造過程から必然的に派生する物品」と定義されます。主産物との区別は「企業における会計処理の慣習による」ものとされますが,基本的に,価値が高い方が主産物,低い方が副産物と整理されます。しかし,主産物と副産物の需要の変化により,副産物と主産物の立場が逆転することもあります。

副産物の中には,もともと廃棄物だったものもあります。しかし,その用途が開発され価値が生まれると,廃棄物は副産物に変化することとなります。また,副産物は商品になるとは限らず,自家消費されることも多々あります。副産物が市場に供給される場合,供給量は主産物の生産量により自動的に決まり,需要に左右されないため,需要を上回る供給がもたらされ市場価格が暴落し,下回ると逆に高騰することとなってしまいます。

ここで,当然のことながら,肥料や飼料に再利用するための副産物とは多くの場合,有機物資源を指します。表1は主産物と副産物の関係の

表1 副産物の例

材料	主産物	副産物
牛	食肉	皮革
原油	重油	ガソリン
石炭	コークス	コールタール
稲	米	ワラ
玄米	白米	米糠
大豆	豆腐	おから
海水	食塩	にがり
もろみ	日本酒	酒粕
粗銅	純銅	陽極泥*
アコヤガイ	真珠	真珠漬**

*粗銅1tの陽極泥に銀が約1kg,金が約30g含まれている
**アコヤガイの貝柱を酒粕に漬けたもの

表2 主な農畜産廃棄物と推定発生量、処理・利用状況

種類		水分(%)	年間発生量(推定t)	主な処理・利用状況
茶ガラ	緑茶ガラ		9,000	
	紅茶ガラ	70	14,000	
	その他		9,000	
酒粕類	ビール粕	80	700,000～1,050,000	牛用飼料95%
	ウイスキー粕	76	379,712	飼料83.5%
	焼酎粕	94	336,121	海洋投棄50%、肥料20%、飼料20%
	ワイン粕			
	日本酒粕		160,165	食用100%
果実・食品系搾汁粕	リンゴ	79.7	438,800～85,500	飼料64.1%
	梅			
	ブドウ			
	ミカン	86	22,500～153,300	飼料86.8%
	パイナップル			
	トマト			
	ケール			
	豆腐	80	744,600	飼料70%、肥料16%、食品4%
	コーヒー	65	600,000	燃料、堆肥
	醤油	27	85,877	飼料64%
	馬鈴薯デンプン粕	92	776,790	飼料70%、廃棄30%
農産系	ビートパルプ	82	1,208,758	飼料100%
	バガス	50	418,500	燃料90%、堆肥8%、飼料1%
	モミガラ	12	3,000,000	焼却25%、敷料21%、堆肥20%
	イナワラ	10	11,000,000	鋤込1%、堆肥11%、粗飼料11%、敷料7%
	製紙スラッジ	74～79		焼却93%
林産系	樹皮（バーク）		4,600,000	焼却52%、燃料30%、堆肥7%、敷料4%、オガライト用2%
	オガクズ	40	2,600,000	畜産用62%、キノコ用13%、オガライト用10%、工業用8%
	竹			
	樹葉			
畜産系	牛ふん	80	30,369,000	堆肥95%、乾燥5%
	豚ふん	75	8,397,000	堆肥50%、乾燥16%
	鶏ふん	78	15,390,000	堆肥64%、乾燥12%
	羽毛		167,586	飼料100%
	血液		25,228	飼料75%、廃棄25%
	不可食臓器		596,463	飼料98%

一例を示します。

食品産業，林産，農産，畜産など農業に関係する主な有機性廃棄物について，年間推定発生量，処理・利用状況などを表2にまとめました。以下に各廃棄物の特性と賦存量について概観することとします。

■有機性廃棄物とは

●食品産業廃棄物（食品循環資源）

食品産業廃棄物のうち資源利用できるものは食品循環資源と呼ばれ，主に飼料に利用されており，その割合はビール粕などでは95％に上ります。焼酎粕は廃棄割合が50％と多く，スラリー状態なので，メタン発酵によるエネルギー利用の可能性があります。コーヒー粕はすでに工場内で燃料としてエネルギー利用されています。デンプン粕の一部はクエン酸発酵の原料にも利用されていますが，一部は廃棄されています。

高水分で排出され，腐敗しやすい廃棄物であるビール粕，オカラ，焼酎粕などの処理が問題となっており，飼料化の推進が重要ですが，堆肥化の果たす役割も大きくなっています。これらは単独でも堆肥化されますが，他の廃棄物（下水汚泥，家畜ふん，廃オガなど）と混合して堆肥化（融合コンポスト化）されることも多いようです。

廃棄された食品残渣

バーク

●林産廃棄物

製紙スラッジやバークは焼却される割合が高く，燃料としての利用が考えられますが，水分が74％以上と高いことが問題です。バークやオガクズは主に畜舎の敷料に利用されて，最終的には堆肥となっています。しかし，バークの52％が焼却されており，焼却熱を利用したエネルギー利用への転換も考える必要があります。

●農産廃棄物

ビートパルプは100％飼料利用されています。バガスは約90％が工場内で燃料としてエネルギー利用されており，一部は家畜ふん尿といっしょに堆肥化されています。昔から堆厩肥の原料として伝統的に利用されてきたモミガラやイナワラですが，最近ではイナワラは鋤き込まれたり焼却処理されることも多いのが現状です。現行，焼却処分しているものは飼料利用や燃料利用を考える必要があります。

ビートパルプ

●畜産廃棄物

畜産廃棄物の中でも，家畜ふんは年間発生量（約5,400万t）が最も多く，堆肥化されている割合も高く全体の約65％を占めています。これは，他の廃棄物と量的に比較しても突出しており，家畜ふん尿はわが国における代表的な堆肥原料となっています。

なお，ふん尿を資源として肥料，飼料および燃料に再利用する場合の経済的な価値について試算すると，表3に示すように，燃料，肥料，飼料の順に価値が高まることがわかります。同じ材料で飼料を作った場合は，堆肥を作った場合の5倍程度の価値が認められることとなります。

廃棄された家畜ふんの山

表3 家畜ふん尿を再利用した場合の経済的価値（円/t）

畜種	堆肥	飼料	燃料
肉牛	900	4,250	500
乳牛	610	4,250	460
豚	670	4,920	620
採卵鶏	1,310	5,590	650
肉用鶏	950	5,750	490

Fontenol *et al*：1983を著者が改変

また，羽毛，血液，不可食内臓等の副生物は，飼料などに有効利用されている割合がかなり高いことも特筆すべきです。

●その他の有機性廃棄物

農業以外の有機性廃棄物として，発生量が多いと考えられるものに下水汚泥があります。脱水・焼却などの処理後に最終処分されるものは，乾物重で223万tであり，リサイクル率は約70％に及んでいます。そのうち，コンポスト化されるものは23万t，乾燥等6万tであり，緑農地利用はここ10数年来大きな変化はありません。

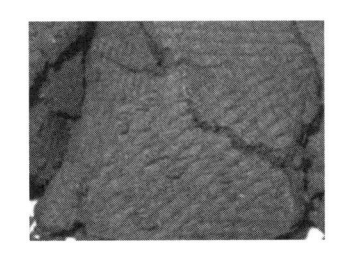

下水汚泥ケーキ

■茶の効用

お茶は嗜好品としてばかりではなく，最近は含まれるカフェイン，タンニン（カテキン類），ビタミンCおよびテアニンなどが持つ各種の効果が注目されています。茶葉の畜産への応用事例も多々見られるようになってきましたので，整理してみましょう。

茶葉

茶葉には各種の殺菌効果，虫歯予防，整腸作用，安静作用，抗ガン作用，痩身効果などがあります。

カテキンは微生物の繁殖を抑制するので，口臭予防，虫歯予防，食中毒予防に効果があります。タンニンにも抗菌作用が認められており，加えてお茶にはフッ素（歯の表面を保護するエナメル質を保護し，強化する作用がある）も含まれているので，虫歯予防にも繋がります。ビタミンCはカテキンとともにガン抑制効果が認められています。カテキンにはコレステロールや血糖値の上昇抑制効果，カロリーの吸収抑制効果があることから，生活習慣病の予防やダイエット効果が確認されています。

●畜産への応用

添加物を使わない養豚：飼料には成長促進などを目的とした抗菌物質が多用されています。脱薬剤・低薬剤を標榜し，カテキンを含む茶葉を使い，添加物を使わない畜産技術があります。豚で，離乳後（4週齢）から12週齢の間，添加物を用いた区と茶葉を与えた区を比較すると茶葉区の方が増体は10％少なくなりましたが，下痢の発生率は添加物区と比べ低かったことが確認されました（東京都農林総合研究センター：2006）。他に商品化されている例として，豚では茶美豚（JA鹿児島経済連），京のもち豚-加都茶豚（京都府真奈美山城村：上仲さん），忍茶豚（イガ再資源化事業研究所）などがあります。

飼料の代替としての利用：塩谷氏は，茶ガラに乳酸菌とセルラーゼを添加してサイレージを調製し，TMR（サイレージと濃厚飼料との混合飼料）とし乳牛に与え，その乳量・乳質などを調査中です（畜産草地研究所：那須）。他にアサヒ飲料，利根コカコーラなども茶葉を使った飼料を牛に与えています。ただし，乳量を勘案するとTMRでは5％以上の添加は乳量の低下に繋がるとの報告（兵庫総合農センター：生田ら）もあります。

●麻布大学での研究

20年ほど前になりますが，お茶の研究をやっていた親友に影響され，「畜産関係でも」と考え，リサイクルと融合をさせた応用という発想で，茶ガラを使うことを思いつきました。当時，機能性飼料やエコフィードなどの言葉はありませんでした。茶ガラ添加で鶏卵や豚肉中のコレステロールを下げることが可能かどうかといったテーマのもとに大量の乾燥茶ガラを提供してくれるメーカー（太陽化学）を見つけました。

鶏卵への影響：白色レグホーン（40羽）を用い，配合飼料に茶ガラを1,3および5％添加する区と配合飼料のみの区を設定しました。卵黄コレステロールの値が4週目で1％添加区（861 mg/100 g）は配合飼料のみの区（1,328 mg/100 g）と比べ35％と有意に低下しました。また，ふん中のアンモニア濃度は茶ガラ添加により低下することも確認されま

した（この件については太陽化学と共同で特許取得済）。

豚肉への影響：LWD豚（20頭）を用い，配合飼料に茶ガラを5％添加した区と配合飼料のみの区を設定し，61日間試験し，ロース中芯部の肉質を調べました。コレステロールの含量は添加区24 mg/100 g，配合飼料のみの区28 mg/100 gで有意差はありませんでしたが，約15％の低下が確認されました。

コレステロール低減の主要因はポリフェノールにあることが明確となっていますが，この後に摘果リンゴ抽出物で豚肉中のコレステロールを低減させることを確認しました。

■樹木などの応用

果物とは食用になる果実のことで，果実が結実する樹は大別すると落葉性果樹，常緑性果樹，熱帯果樹となります。落葉性果樹の代表はリンゴ，ナシ，モモ，梅，アンズ，柿，ブドウなどで，常緑性果樹は多くの柑橘類が含まれます。また，熱帯果樹はバナナ，パパイア，パイナップル，ドリアンなどが知られています。意外なことにイチゴ，スイカ，メロンなどは農水省では果実的野菜という区分をしています。

日本で比較的に大量に生産・収穫される果物は生育途中に摘果作業を行い，生で出荷される物以外は缶詰やジュース，あるいはワインなどに加工されますが，その製造過程でも搾汁粕が副産物として排出されます。ここでは，副産物としての果実に焦点をあててみましょう。

●リンゴ

リンゴの搾り粕については青森県産業技術センターではカビ毒吸着能を有した家畜飼料用ベントナイトとリンゴパルプのペレットを開発（2009年）しました。これはカビ毒吸着を有するが嗜好性の悪いベントナイトと，牛の嗜好性が良いが，水分が多いために保存性が悪く，運搬にもコストがかかるリンゴ搾

汁残渣（リンゴパルプ）を混合し，ペレット化したものです。

著者もリンゴの搾り粕や摘果を原材料にしたアップルフェノン（AP），アップルファイバー（AF）を養豚用飼料に添加する試験を行いました（1997年）。添加量は1％程度で肥育後期の60日間給与し，増体，血液性状，ふん便性状について調査しました。その結果，APやAFの添加により飼料の利用性の向上，ふん便中の善玉菌の代表である*Bifidobacterium*の増加，肉中の粗タンパク量が増加し，肉中のコレステロール量が減少することを確認しました（この件については，ニッカウヰスキー・明治製菓と共同で特許取得済）。

また，畜産環境整備機構畜産環境技術研究所（現・岐阜大学）の山本研究員は，豚の生産性を損なわずに，環境負荷物質である窒素やリンの排せつ量そのものを減らす研究を行っていますが，一般的な市販飼料にリンゴジュース粕を添加して豚に給与することによって尿中の窒素排せつ量が著しく低減されることを見出しました。結果は，ふん尿込みの窒素排せつ量は変わらないものの，尿への排せつ量は約35％減少し，畜舎からのアンモニア発生量が尿中窒素排せつ量に依存していることを考えれば，大きなメリットとしています。

●梅

和歌山県農林水産総合技術センターでは果肉除去した梅種子を乾燥，粉砕し作成した梅サプリメントを黒毛和種去勢肥育牛に給与したところ，肥育前期において飼料摂取量および増体成績が向上し，牛肉中脂肪酸組成にも効果が認められ，牛用飼料として有用であることがわかりました。なお，この研究成果は「紀州うめそだち」という商品名で各家畜用に実用化され市販されています。歩留りの向上，肉質の向上，強健性の向上などをキャッチフレーズにしています。

●ブドウ

山梨県甲斐市の(有)小林牧場は,日本を代表するワイン産地という立地条件を活かし,未利用資源であるブドウの搾り粕の飼料化に山梨県酪農試験場とともに取り組み,ワイン粕とオカラ,酒粕等を独自に配合した「甲州ワインビーフ混合飼料」を開発し,飼料代を従来の2/3に抑えることに成功しました。この飼養技術は,近隣の肉牛肥育経営者にも伝授され,甲州ワインビーフ生産組合も設立されました。

●その他

その他としてはパイナップル(沖縄),みかん(静岡),メロン(茨城),柿(奈良),ドラゴンフルーツ(沖縄)などの取り組みがあります。生の果物は腐敗しやすい,季節が限定される,一定の排出量の確保が困難などの問題がありますが,地域の特産物のイメージアップを兼ねての今後の畜肉や鶏卵などへの取り組みが期待されます。

●樹皮などの応用

渡邊ら(2006)は未利用な状態にある木質資源であるスギ間伐材,松食い虫被害木,シイタケ廃菌床およびスギ樹皮の牛への飼料化について検討しました。この試験には,ホルスタイン種雌牛3頭を用い,嗜好性,飼料成分について検討が行われ,嗜好性はシイタケ廃菌床>スギ間伐材>松食い虫被害木の順でした。一般飼料成分のうち粗タンパク質はシイタケ廃菌床が高かったようです。

●竹の応用

もともと笹は林間放牧などで牛の飼料として利用されていましたが,竹を農業利用する「竹やぶ飼料化計画」というものがあります。これは

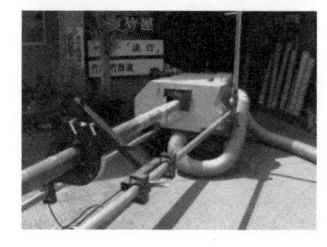

「竹をエサにして家畜を育てる」という奇想天外なアイデアです。竹は繊維質が豊富なので，これまでも飼料として注目した事業家はいましたが，粉体化する時に針状繊維が残って家畜の胃腸を傷つけるため，飼料化は不可能とされていました。ところが「竹粉製造機」の開発で，それが可能となりました。さらに，竹粉をサイレージ化する過程で，竹由来の乳酸菌 Lactococcus lactis が発見され，竹粉のサイレージ化に成功し，貯蔵が可能となり，高品質の竹粉による健康増進飼料「孟宗ヨーグルト」（商品名）が完成しました。

竹粉製造機

●樹葉の応用

山羊は軟らかい樹皮や広葉樹の葉を好んで食べる性質があります。しかしながら，針葉樹であるトドマツ針葉の化学組成が調べられました（青山ら 1987）。その結果，トドマツ針葉は乾重 100 g 当たり 5〜8 ml の精油，0.22〜0.32％のクロロフィル，0.012〜0.015％のカロチン，6.1％〜8.3％の葉タンパク，34〜49％の中性デタージェント繊維を含み，種々の化成品や家畜飼料添加物の原料として有望な潜在資源であることが明らかとされました。

■水生植物の応用

副産物の定義からは若干，外れるかと思いますが，身近にある植物性資源を飼料化しようとする取り組みは種々，数多くあります。ここでは，これらについて触れてみましょう。

ホテイアオイやオオカナダ藻は温暖な地域での繁茂性が高く，日本で

は東海地方以南で問題視されることが多いようです。時としては水路などを塞ぎ雑草として嫌われます。しかし、水生植物をバイオフィルターとして位置づけ、これらで水質浄化を行うという考え方もあります。そ

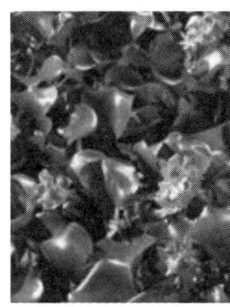

ホテイアオイ　　オオカナダ藻

して、用を終えた水生植物の利用法の1つとして、飼料利用があります。

　ホテイアオイは水分が高く、保存性がきわめて悪いので、乾物化かサイレージ利用が考えられますが、その粗タンパク含量は、56〜62%と高く、in vitro 乾物消化率も70〜97%とクロレラなどよりもはるかに高いことが知られています。また、不飽和脂肪酸の割合が高いことが特徴（椛田ら：1995）です。

　オオカナダ藻は2010年に琵琶湖で大量発生しましたが、滋賀県が除去した藻を「バイオマス乾燥プラント機」で乾燥させ、豚などの飼料化について複数の企業が手がけました。刈り取った水草は以前には堆肥化処理されていたものが、飼料化されることで新たな「地産地消」モデルとして注目を集めているそうです。

　また、好水性バイオマスとしては他にも、ポンテデリア（北米原産の柚水植物）やマコモが有用であることが新たに判明し、さらに検討中です。

■粕類の応用

　炭水化物などの食品材料を微生物によって発酵・熟成させる工程を醸造といいますが、醸造によって、酒類、味噌、醤油、酢などが製造されます。この時に副産物として排出されるのが醸造粕（カス）です。このうち、粕が出ない、あるいはほとんど出ないものは白ワイン、酢、味噌です。これは製造上の理由によるものですが、詳細は他に譲り、ここでは、醸造粕の飼料化について触れましょう。

●酒類とその原料について

　身近な酒類で粕が出るのは日本酒，ビール，ウイスキー，焼酎および赤ワインが挙げられます。日本酒は米，ビールは大麦を麦芽としたもの，ウイスキーは大麦，ライ麦，トウモロコシなど，焼酎は米，麦，ソバ，イモなど，赤ワインはブドウを，それぞれ原料と

酒粕（日本酒）

します。これらの酒は原料にそれぞれの特性に合った有用微生物を加え発酵させ，その代謝産物として種々のタイプのアルコールを得ます。最終的に発酵終了時に固液を分離させますが，液体以外の部分を粕と呼びます。身近なのは酒粕で粕漬けや甘酒の材料となっています。なお，白ワインは収穫して皮を剝いたものを発酵させるので粕は原則的には発生しません。

●酒造粕とその利用について

　ビール粕：ビール粕は年間で 700～1,000 万 t ほど排出されています。その飼料成分は粗タンパク質 20.6～27.6%，粗脂肪 5.4～10.6%，総繊維 36.6～66.7%，糖・デンプン・有機酸類 0.5～36.1% とされています。アサヒビールでは副産物として発生したビール粕を製品とするために，脱水機に投入し，水分を 65% 以下に絞ります。次いで，乳酸発酵を素早く促進させ，嗜好性を上げるために乳酸菌を添加します。そして，紫外線カット処理した外袋（フレコンバック）に，内袋（ポリエチレン）をセットし，脱水したビール粕を 650 kg 充塡します。最後に，カビなどの雑菌の繁殖を防ぎ，早期に乳酸発酵させるためにビール粕を詰めた袋から空気を抜き，真空パックに近い状態を作ります。これでモルトフィード・サイレージ（商品名）が完成します。大麦の皮を主成分としているので，栄養豊富な麦汁成分を含む，牛（乳用，肉用）にとって非常に嗜好性の良い飼料

ウイスキー粕：ウイスキー粕は年間で380万tほど排出されていますが，未確認成長因子の供給源の1つとして評価されていたそうです。アメリカでは飼料原料としては割高という理由で市場性を失ったようです。近年は燃料用エタノールの生産が推進され，粉砕トウモロコシを使った醸造が行われ，その副産物であるトウモロコシ蒸留粕（DDGS：Distiller's Dried Grains with Solubles）の飼料化が急速に進んでいるようです。現在は需給のバランスは取れているようですが，やがてDDGSが生産過剰になることが懸念されています。アルコールの用途とともに生産工程もウイスキー粕とは異なりますが，タンパク源，エネルギー源などとして高い飼料価値と安価な飼料原料として注目されています。

焼酎粕：焼酎粕は年間で34万klほど排出されています。宮崎県畜産試験場では焼酎粕を加熱濃縮して約90％の水分を74〜75％にし，また濾過して水分と固形分を分けることによって保存性を持たせることに成功し，牧乾草に液状のものを振り混ぜて食べさせることを可能にしました。また，大分県畜産試験場では豚に与えることによって飼料の利用性が高くなったと報告しています。

ワイン粕：山梨県ではすでに県が中心となって音頭を取って，甲州ワインビーフ，フジサクラポークなどのブランドで展開しています。

日本酒粕（酒粕）：酒粕については，ほぼ100％が食用として利用されていますので，残念ながら家畜には行きわたりません。

ワインの搾汁粕

いずれの粕類も水分は高く保存性は必ずしも良好ではありません。製

造粕が排出された地域での「地産地消」が理にかなっているような気がします。

● **果汁系粕類の応用**

ジュース類は年間を通して飲まれています。駅のジューススタンドには必ず誰かが何がしのジュースを飲んでいる光景を見かけます。ここではジュース類の粕を中心に飼料化について触れましょう。

果汁系の粕について

ミカン，リンゴ，モモ，トマト，パイナップルなどが浮かんできます。ちょっと変ったものでは，ケール（いわゆる青汁）があります。

ミカンジュース粕・リンゴジュース粕：ミカンはβ-カロテンやビタミンAの機能性成分を多含します。水分が高いので，ワラ，ヘイキューブ，ビートパルプ，糟糠類などと混合すれば良質サイレージとなります。リンゴは嗜好性が良好ですが，変質しやすいのが難点です。なお，生粕の大量給与は軟便や，ミカン粕では肉や牛乳の帯黄化が懸念されます。

パイナップル粕：インドネシア，フィリピンなどから相当量が輸入されています。有機酸（クエン酸，リンゴ酸）を適度に含み，嗜好性に富み，粗繊維の可消化率が高く，酢酸を多く発生し，濃厚飼料の食わせ込みに必要です。また，繊維含量が高く，適度に膨潤するので，粗飼料の一部代替や繊維質補助にもなります。胃腸粘膜の保護作用と腸炎の原因となる微生物毒素の中和に，さらにブロメラインというタンパク分解酵素を含むので，消化促進やふん尿の悪臭低減化にも効果があるようです。用途は肉牛，搾乳牛，繁殖豚，ブロイラーなどでしょうか。

トマトジュース粕：トマトジュースの製造過程などで除去されたトマ

ト果皮は，牛の飼料などに利用されてきました。キッコーマンでは，2002年，一連の副産物有効活用研究の中で発見したトマト果皮に含まれる抗アレルギー活性を日本薬学会で発表，さらに未病医学研究センターと共同研究で抗アレルギー機能を確認した上で，日本デルモンテと共同で「トマトのちから」という健康食品を開発し展開中です。

ケール粕：ケールは，もともと南ヨーロッパ原産の野菜でキャベツの原種といわれて，これまでに知られている野菜の中でも飛び抜けて成分が良好，通年栽培が可能，収穫量が多い，飲みやすい，刺激性がないなどの理由で青汁に最適の野菜と考えられています。

生育中のケール

愛媛県畜産試験場では，ケールジュース粕サイレージを乳牛に給与（乾物中10%程度のアルファルファヘイキューブとの代替給与）したところ，消化性や乳生産に影響を及ぼさず，乾物中25%程度の圧ペン大麦および大豆粕との代替給与では繊維成分の消化性や乳脂肪生産を改善する可能性を示唆しました。また，尿中への窒素排せつが低減し，乳牛の窒素利用を向上させることも明らかにしました。

ただし，硝酸態窒素含量が高いので，生での給与は避けるべきでしょう。

●**その他の製造粕類**

豆腐粕：水分が80%と高いものの，乾物中ではTDN 90.5%，CP 26.1%で，牛での嗜好性は抜群です。しかし，生の状態では劣化が早いので，速やかにサイレージなどに調製する必要があります。

豆腐粕（いわゆるオカラ）

なお，水分調整を行い，糖分や酵素剤を添加して調製すれば良質なサイレージとなります。

著者も1980年頃に大手の豆腐製造会社から依頼されて試験に着手しましたが，健康食品としてアメリカ向けに輸出することが決まり，計画が頓挫したことがありました。しかし，「食料に再利用できれば，それに越したことはない」と思いました。

食品工場から排出される食品製造副産物を飼料化利用することは飼料自給率向上の観点から注目されています。しかし，実際の現場では，①飼料特性や給与量・給与基準が不明　②乳成分が安定しない　③価格的メリットがあまりない（栄養成分量を乾物比較した場合）などの理由から積極的な利用が進んでいません。高水分で変敗しやすく，保存や輸送が難しいのも一因です。これらの問題を1つ1つ解決し，資源の有効利用に畜産が貢献していく必要があります。

■畜産副生物

本セクションの冒頭部分に畜産廃棄物についての記載がありました。当然ながら，畜産廃棄物のメインは家畜ふん尿のことです。また，「副産物から畜産物を作る」ということは，副産物を飼料や飼料資源として捉え，乳・肉・卵などの畜産物を作出する意味ですが，あえてここで羽毛，血液，不可食内臓などのいわゆる畜産副生物についても言及することとします。これらは，食用としての有効利用が行われていますが，飼料のみならず考えられないような利用もされています。

●主な副産物

家畜をと畜した場合，主産物は枝肉（正肉＋骨）で，副産物は枝肉以外の部分となります。しかし，食用といった観点からすれば骨も副産物となります。なお，副生物の国内の生産量は牛豚合計で2008年には17.8万トン（以後の公表データはない）以上となっています。以下に主な副産物について触れてみましょう。

内臓：副産物中，脾臓，胆囊，頭骨，牛足は不可食臓器として処理さ

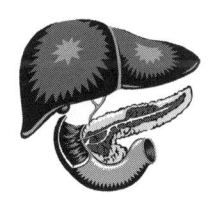

れます。その他の臓器(舌・心臓,肝臓,ボイルもつ)は食用として,家庭用の調理素材,業務用食材となります。なお,去勢牛1頭当たり5kgのタンパク質が回収され,脾臓は鉄分を多く含むので鉄強化剤など利用されています。第一胃から分離したタンパクの乳化能性は卵アルブミンより優れた起泡性があるので製菓材料などに利用されます。

血液:食肉生産の最初に産出される副産物で,有効利用の魅力を秘めた廃棄物といえます。これまではブラッドソーセージなどに利用される程度で,多くは乾燥して血粉として肥料や飼料原料,接着剤に使われてきました。しかし,最近は豚や牛の血液は血漿タンパクとして,製菓原料や飼料原料としての用途も広がってきました。

皮・毛:剥皮(はくひ)された皮は専門業者が処理し,製革業者に供給され,種々の皮革製品に加工されます。原皮として適当でないものや湯剥ぎ後の皮はゼラチンの原料となります。また,豚毛は一部ですが,歯ブラシやヘアーブラシの植毛に利用されます。

骨:食肉工場などで枝肉から除骨された骨はボーンミール,ゼラチン,脂肪およびボーンエキスの製造に用いられます。ミートボーンミール(肉骨粉)は配合飼料原料やペットフードの材料になっていますが,BSE騒動で法律によって2001年より使用が中止されています。

脂肪:わが国の動物油脂の生産量の90%は豚脂です。豚からはラード,牛脂は脂肪酸凝固点39℃以上をタロー,それ以下をグリースと呼んでいます。

羽:食鳥処理で,と殺した鶏の羽を高圧条件で加工処理し製品とします。一般的にはフェザーミールと呼ばれ,ビタミンB_{12}や未確認成長因子が存在します。

家禽処理副産物:と殺鶏の不可食部分を砕いて,混合し,乾燥したものをいいます。頭部,脚部および内臓などが混ざったも

ので，鶏ふんや異物は止むなく微量に混合するほか存在しないようにしています。

●その他の畜産副産物

その他のものとして，ホエー，卵殻，と場残渣，排水処理の副産物などが挙げられます。

ホエー：牛乳や脱脂乳にレンネットや酸を加えて生じるカードを除去後に排出される黄緑色の液体で，チーズやカゼインの製造工程で分離される乳業廃棄物です。乾燥してホエーパウダーとし製菓原料や飼料原料に，発酵させて乳糖を抽出し食品原料に，さらにはメタン発酵させ，燃料としてボイラーの熱源としての利用もされています。

卵殻：食品工場では鶏卵は必要に応じて液卵状態で入手しますが，これには割卵という操作が伴います。割卵工場で排出される卵殻は，そのまま廃棄すると少量付着する液卵腐敗で悪臭発生やハエ発生の衛生問題が生じます。割卵工場では，卵殻から液卵を回収し，洗浄，殺菌，乾燥，粉砕し，肥料や飼料原料，塗料や建築資材，陶器原料などに活用します。また，最近ではカルシウム供給源として評価され，食品や食品添加物として，畜肉加工，製麺，製パンにも用いられています。

と場残渣：と場残渣とは牛，豚などの家畜をと殺解体する時に産出される消化管内容物のことで，主体はワラや配合飼料などの未消化・未利用の部分です。それに，血液や皮および肉片も加わりますが，消化管内容物には，消化液，腸管剥離細胞，腸内細菌なども含まれています。このと場残渣の国内の算出量は牛豚合計で2005年には5万トン以上となっています。と場残渣は堆肥化されて圃場に還元する程度の利用でしたが，飼料原料としても注目されるようになってくると思います。

排水処理副産物：酪農，養豚および肉牛などの畜産業，食肉・食鳥処理場（と畜場），食肉加工品工場，牛乳・乳製品加工工場，鶏卵加工品工場などの畜産物処理・加工・製造業からの排水処理は多くの場合，活

性汚泥法などの好気的処理によります。排水処理は，前処理で爽雑物除去，本処理で有機物を汚水中の微生物に捕食させ，最終的には汚泥を適量保持しながら，システムは稼働します。しかし，乳製品工業排水の例では原乳の0.2％程度が排水中に流出，バター製造などでは脂肪分が排水中や汚泥に取り込まれます。また，食肉加工品工場などではタンパク質を豊富に含んだ汚泥を排出します。さらに，と畜場排水には血液や腸内容物が多量に見出されます。実際に，ビタミンB_{12}の化学合成が不可能な時代には，都市下水の汚泥を資源として，その中より抽出していました。また，酸化溝混合液中のアミノ酸含量は増加するという報告もあります。つまり，これらの排水処理では，単に排水処理を行うだけでなく，汚泥やその排水から有用物質を抽出したり，飼料として再利用しようとする考え方もあります。

●畜産副産物の意外な利用

畜産副産物は食用あるいは飼料などへ利用が圧倒的ですが，「え!!」と思うような，意外な面を紹介致します。

調理道具：馬の尻尾（しっぽ）の毛を利用した裏ごし器があります。適度な弾力性で，食材が網につきにくい，きめ細かく滑らかに仕上がるなどの特徴があります。網の目に対して斜めに使うのがコツです。6寸～尺（18～30 cm）の大きさがあり，3,200～7,100円程度で調理器具の専門店で購入できます。

裏ごし器

食器：骨灰と磁土を混ぜて焼いた磁器をボーンチャイナといいます。18世紀初頭，マイセンの白色磁器がヨーロッパを席巻していた頃，イギリスの陶工たちは磁土や陶石の不足対策として，試行錯誤を繰り返し，家畜焼却灰を原料に加えることを見出しました。牛の骨灰（燐酸カルシウム）を含んだもので，軟質で，透光性に優れた乳白色の磁器は，長い間製法が秘密でし

た。当時の王室や貴族に珍重され，鋳込み成型が主で，置物などの作品が多いようです。

楽器：モンゴル族の民族楽器に馬頭琴がありますが，これは弦と弓を馬の尾の毛で作った弦楽器です。弦が少ないほど古いものとされる弦楽器の中で，馬頭琴はわずかに2本の弦で音を奏でます。馬の頭の形をした彫刻が棹（さお）の頂上についていることにその名の由来があります。その他バイオリンやチェロなどの弦楽器の弦には腸線（ガット gut）が使用されます。また，弓には馬の毛が使われることもあります。

テニスのラケット：高級ラケットの網には羊・豚の腸で作ったガットが使用されています。

服飾：ボタンにホーンボタンという種類がありますが，牛や水牛の角が材料です。また，ブローチで紙製のようで，実は豚皮を材料にきれいに加工・着色されたものが販売されています。

印材：印鑑の材料として柘（つげ），石，ゴムが一般的ですが，象牙や水牛などの角が使われていることも誰でもが知っています。聞きなれないものでラクトという印材があります。これは脱脂粉乳から抽出したタンパクとカニ・エビなどの甲殻類からのキチンをブレンドし，樹脂状に成形したもので，赤，黄，緑などカラフルなものもあります。

衣食住に，恐るべし畜産副産物でした。

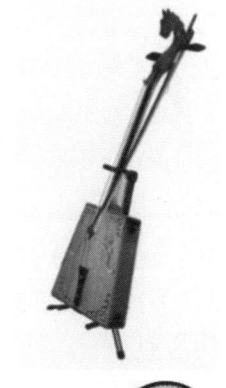

ホーンボタン

豚皮ブローチ

ラクトの印材

14. 堆肥に関するおもしろばなし

「畜産はふん尿処理との戦い」……大げさでしょうか？しかし，厳しいなかで生き残って経営をされている方の多くは，ふん尿処理に正面から取り組まれています。ご承知のように，尿汚水の処理は活性汚泥法が中心でしょうが，ずばり100％問題なし!!といった処理法はありません。しかし，ふんの処理については堆肥化処理で結論は見えているといっても過言ではありません。

今回は堆肥にまつわる「おもしろばなし」に触れてみましょう。

■好気性高温菌とは

細菌を至適生育温度で区分すると，低温菌，中温菌，高温菌に分けられます。公衆衛生学的には低温菌は冷蔵庫・低温貯蔵時の食品の腐敗・変敗，中温菌は食中毒や伝染病など動物の疾病，高温菌は自動販売機内の加温食品に変質を起こす面で重要とされています。

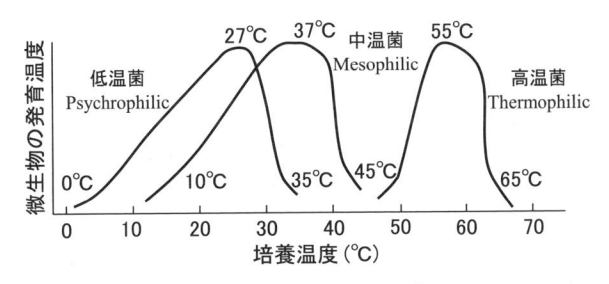

発育温度による菌のグループ分け

つまり，高温菌は55〜60℃前後で速やかに増殖する菌ですが，曝気・送風などを行う好気性条件下で，活発に働く菌を好気性高温菌と呼びます。堆肥化に貢献する菌はこのグループで，Bacillus属の菌が代表格とされます。これは温泉などではよく見かけられる菌です。

堆肥化の目安として，60℃以上が数日保持することが挙げられています。ところが，超高温菌なるものが発見されました。この菌は条件が良ければ100℃程度にも達し，堆肥化に驚異的な能力を発揮しているそうです。

一般的に堆肥化といえば，ふんや敷料が主体の中水分（50～60％程度）状態のものを好気的に発酵させることですが，後段でも述べるように，これが堆肥化のすべてではありません。

●好気性超高温菌とは

この好気性超高温菌ですが，四国電力グループ伊方サービスのHPによれば，この菌は山有という会社の山村正一氏が発見・開発したもので，YM菌と呼ばれるものです。特長として，堆肥の発酵温度は85℃以上に達し，50日間で完熟可能とのことです。

高温菌あるいは高熱菌（好熱菌）とはすでに述べたように，至適生育温度が55℃以上のもので，80℃を超えるものには超の文字が冠せられますが，このような微生物を極限環境微生物と呼んでいます。

好気性超高温菌の生育域は温泉，発酵堆肥，自噴間歇温泉などですが，ボイラーなどの人工的熱水からも分離されます。なお，オートクレーブにかけても死滅しないすごい種類もあります。

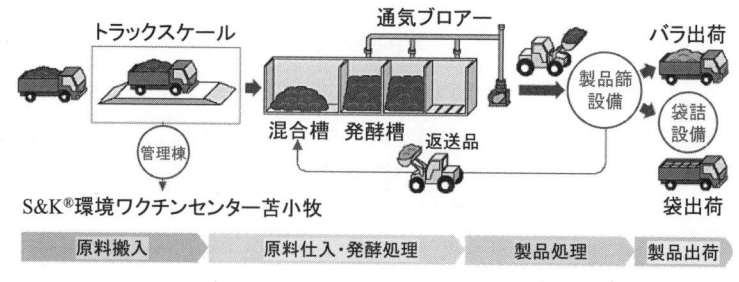

超高温により蒸気が立ち上がる
（白煙は水蒸気）

発育温度による菌のグループ分け

なお，好熱菌とは，至適生育温度が45℃以上，あるいは生育限界温度が55℃以上の微生物のこと，またはその総称です。古細菌の多く，真正細菌の一部，ある種の菌類や藻類が含まれます。とくに至適生育温度が80℃以上のものを超好熱菌と呼び，極限環境微生物の1つとされています。

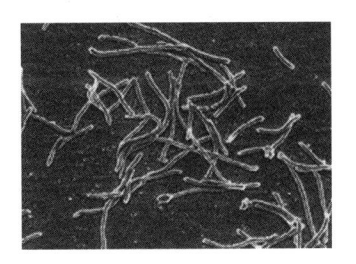

Themus aquaticus
（1969 年に米国・イエローストーン国立公園で発見）

その生息域は温泉や熱水域，強く発酵した堆肥，熱水噴出孔などで，ボイラーなどの人工的熱水からも分離されています。この他，地下生物圏という形で地殻内に相当量の好熱菌が存在するという推計があります。

なお，2009年時点で最も好熱性が強い生物は，ユーリ古細菌に含まれる *Methanopyrus kandleri* Strain 116 です。この生物はオートクレーブ温度を上回る122℃でも増殖することができるとされています。

1993年にはポリメラーゼという酵素を用いた研究でノーベル化学賞を Kary Banks Mullis というアメリカ人が受賞していますが，この酵素は好熱菌に由来するものだそうです。

YM菌ですが，家畜ふん，汚泥，動物死体および厨芥などの堆肥化処理や悪臭低減に効果があり，さらにはダイオキシン類の低減化にも有効だそうです。また，共和メンテナンスのHPによれば，YM菌の廃水処理施設への投入は微生物群の活動を活発にするので，微生物リアクターとしても有望と記載されています。

■堆肥化の技術と問題点

堆肥化の過程で品温が高温になっていきますが，高温になることによって，①微生物の活性が高まり堆肥化が促進される，②水分の蒸発が促進され，堆肥の水分が低減する，③病原微生物や寄生虫卵が死滅する，④雑草の種子が破壊するなどが挙げられます。しかし，温度上昇だけで

は臭気の問題は残ります。その詳細な理由は不明ですが，高温菌には悪臭低減効果も期待できそうです。

● 堆肥化の条件

堆肥化の条件として，羽賀は①栄養分，②水分，③空気（酸素），④微生物，⑤温度，⑥時間を挙げています。家畜ふんについては，①と④は常にクリアしているといえます。今回は，②と③，それら以外のことに関して考えてみましょう。

水分調整は重要か

家畜ふんを発酵させるには通気性を考えて，水分を60〜65％程度に調整します。水分を下げることが目的ではなく，通気性を良好にするための手段として，ふんを乾燥させたり，各種の敷料を混ぜ入れることによって通気性を向上させ，好気性菌がより活発に働ける状況を作っているのです。

視点を変えれば，ふんの水分が非常に高い状態であっても，通気性が保証されれば，問題なく発酵します。ふん尿混みの高水分液体発酵で，液状コンポスト処理と呼ばれるものですが，著者は1975年にこの原理を発表しています。つまり，水分調整ではなく，通気性・物理性の調整が重要となります。したがって，オガクズやモミ殻は水分調整資材ではなく，物性調整資材と考えるべきです。

● 敷料の安全性

多くの場合，堆肥舎でオガクズやモミ殻を添加するのではなく，畜舎の敷料として，オガクズやモミ殻を使用しています。これらの資材も地域によっては供給が思うようにいかず，砂，古紙なども使うようなケースも見受けられます。

建築ブームを受け，建築廃材は畜産が盛んな地域では廃材チップを敷料として用いている例も多く，北海道で2003年に行われた調査では，建築廃材の55％

建築廃材の山

(15万t)が再資源化され,そのうち39%が敷料として利用されています。

建材には防腐・防蟻を目的としてCCAやPCAなどの薬剤が注入処理されている例が多く,他には樹脂や塗料なども多く含まれています。

これらの資材が廃材として粉砕処理され,チップ状となり流通することになります。敷料として用いた場合,当然,牛や豚が摂食する機会があり,これらが継続使用された場合,牛乳,牛肉および豚肉に蓄積され,やがてはヒトへも影響を及ぼす可能性について,浅利(2002年)や松枝(2004年)は調査し,家畜が一日0.044gの敷料を摂食することにより,EUの規制値を超えるので,廃材の敷料利用を否定しています。

このCCAやPCA処理木材は,木材の防腐・防蟻を目的としてCCA(クロム・銅・ヒ素化合物系木材防腐剤)を木材内部に加圧注入処理したもので,日本では1960年代後期から電柱や土台等の建築用材として使用されてきました。現在は,毒性や排水基準の強化などで国内ではほとんど生産されていませんが,今後建築物の解体に伴いこれまで使用されていたCCA処理木材が廃棄物として大量に排出されることが予想されます。

■堆肥と堆肥化の実態

●堆肥から自然発火の可能性

好気性高温菌が家畜ふんに作用することにより堆肥化処理が行われます。家畜ふんの発熱発酵ですが,この熱エネルギーもかなりのものです。今回は,この発熱に関連したものを取り上げてみましょう。

木材チップ,天ぷらの揚げ玉,RDF(生ごみ・廃プラスチック,古紙などの可燃性のごみを,粉砕・乾燥した後に生石灰を混合して,圧縮・固化したもの。乾燥・圧縮・形成されているため,輸送や長期保管が可能となり,熱源として利用される),自動車シュレッダーダスト,肉骨粉などは,徐々に化学反応を起こし発熱しています。その反応の様式は空気による酸化,雨水や空気中の水分との反応,生物発酵など様々です。このような反応による発熱は,微小で,通常は無視できる場合が多

く，火災になる可能性は少ないでしょう。たとえば，畜産農家で堆肥を一時的に保管している場合，堆肥に触れると温かいですが，それがさらに高温になって燃え出すことは通常はありません。

しかし，これらが大量にあった場合や保管期間，条件によっては，なかなか放熱が進まず，内部で温度が徐々に上昇することがあります。温度が上昇すると，反応は促進され，さらに温度が上がり，あるいは，別な反応（一般には，空気による酸化反応）を引き起こします。その結果，火災に至る場合があります。農家では，経験的にこれらのことを知っているため，積み上げ高さを制限（2m程度）し，また，長期間保管しないといった工夫をして火災の防止に努めています。

国立環境研では剪定枝，落ち葉，稲わらなどの腐敗性廃棄物を対象にした火災予防の考え方の取りまとめ（2011年）を行い，理想的な堆積は高さ2m以下，一山当たりの設置面積100 m^2 以下，積み上げられる山と山の距離は2m以上とする。積み上げたものを転圧しないなどのガイドラインを設定しています。このガイドラインはある程度は堆肥などにも当てはまるものと考えられます。

●反応熱の利用

畜草研の小島ら（2012年）は堆肥発酵での排気をブロアーで吸引し，ガスはアンモニアとして回収・利用し，熱は

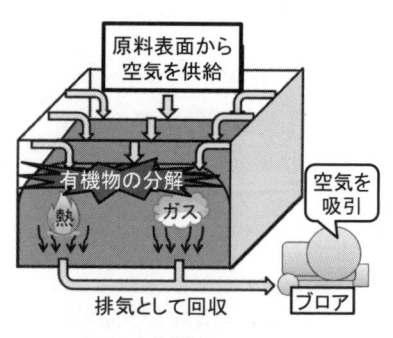

吸引通気式堆肥化による排熱回収の模式（小島ら）

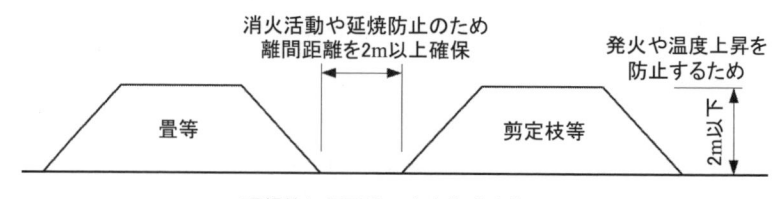

理想的な仮置場の廃棄物堆積状況

回収し，水を加温する技術を開発しました。熱交換に伴って生じる結露水は，畜舎内でのリサイクル利用や放流も可能だそうです。

通気式などの発酵排気を直接回収可能な堆肥化施設において，アンモニアを化学的に除去した排気を潜熱回収型熱交換器に導くと，排気熱量のうち最大77%を回収して水の加温に利用可能で，搾乳牛120頭規模の施設では40℃の温水が11.5 t/日得られるとのことです。

●オガ粉豚舎

豚舎の構造で，オガ粉豚舎がありますが，これもある意味では発酵熱を利用した例といえます。大きなプールの中にオガクズを40〜50 cm程度の厚さに充填し，その上で育成〜肥育を行うものです。豚のふんや尿はオガクズに吸着，あ

オガ粉豚舎の様子

るいは混合され，床材のオガクズ自身が発酵し，堆肥化が進みます。これに因んで発酵床豚舎と呼ぶこともあります。

豚舎自体の構造はビニールハウスで造作されることが多いのに因んで，ハウス豚舎とも呼ばれています。除ふんの手間を必要としない省力管理ですが，オガクズの供給元と堆肥としての利用先の確保が不可欠です。悪臭と病気の管理（導入豚の寄生虫対策，抗酸菌症フリー）がキーポイントとなります。

●オガクズから宝物

キノコ類の栽培には原木栽培，菌床栽培，堆肥栽培，林地栽培があります。多くのキノコ類は原木栽培が大変なので菌床栽培が主流となっています。なお，堆肥栽培はマッシュルームが，林地栽培はマツタケやトリュフが有名です。

知人のY氏は全農の研究所で堆肥の研究をやられた時代（1986年）に，堆肥の中からキノコが発生していたので，当時の林業試験場（現・森林総合研究所）に持ち込んだところ，絶滅危惧種のザイモクイグ

チの一種（*Pulvernboletus pseudolignicola* Neda, sp, nov.）の新種であることが根田によって報告（1987年）されました。Y氏によれば「美味しかった」とのことでしたが，事業には結びつかなかったようです。

堆肥も深く見つめると，結構な資産になるようなケースもあります

■ちょっと変わった微生物

●鉄や硫黄を食べる微生物

最初に紹介するのは鉄酸化細菌と呼ばれる微生物です。ヒトがご飯や肉，野菜を食べるのと同じように，この微生物は水に溶けている鉄を食べて生きています。また，硫黄も食べています。鉄酸化細菌が食べているこのようなモノは，私たちが食べてもエネルギー源にはなりません。

この働きを利用した科学技術があります。鉄酸化細菌は，金属を含む石から有用な金属を溶かし出すバイオリーチングという技術に使われています。

一番利用されているのは銅の回収です。銅鉱石と呼ばれる石の中には，石の成分に加えて硫黄分と銅が含まれています。鉄酸化細菌を含んだ水をこの銅鉱石に振りかけると，銅が溶出されてきます。

微生物の力を利用しなくてもある程度溶かし出すことは可能ですが，鉄酸化細菌等が存在するとその効率が非常に高くなります。鉄酸化細菌

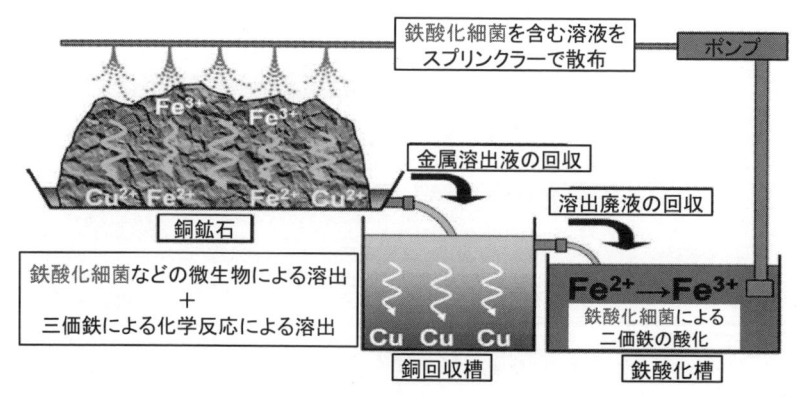

バイオリーチングのシステム

は，ただ変わった物を食べているだけではなく，このように人にとって非常に役立つ能力を持っています。

●鉄を腐らせる微生物

鉄酸化細菌は水に溶けている鉄を食べますが，世の中には固体状の鉄を食べる微生物もいます。この鉄を食べるという微生物の行動は，鉄をボロボロにする，すなわち鉄を腐らせるという現象につながるため，人間にとっては困った行動です。

たとえば，石油のパイプラインを腐らせ，大量の石油が環境中に漏れ出し，環境汚染を起こしたりします。2006年アメリカで発生したパイプラインの腐食事故は，微生物が原因ではないかといわれています。

石油備蓄基地（鹿児島）

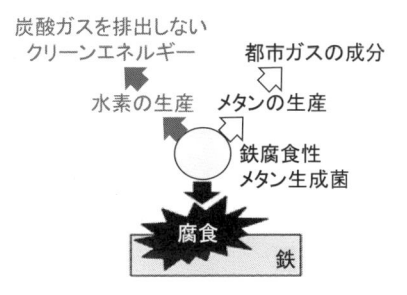

鉄腐食性メタン生成菌は，日本の石油備蓄基地のタンクから分離されたものです。日本は石油がわずかにしか産出されないため，海外から輸入しています。何かしらの問題で輸入できなくなった時のために，国として石油をためておく，それが石油備蓄基地です。

そんな石油備蓄基地のタンクの中にタンクの材料である鉄を腐らせる微生物がいるというのは怖いことです。でも，ご安心を。備蓄基地では定期的に点検・整備がされていて，現在までに腐食事故は発生していません。

鉄腐食性メタン生成菌の二つの側面
困った側面：鉄に対する腐食作用（⇨）。
有用な側面：クリーンエネルギーとなる水素の生産（➡），都市ガスに含まれるメタンガスの生産（⇨）。

この微生物は，悪いことばかりしているのではありません。人類が利用できるエネルギー源として有用な水素ガスを生産します。近年，二酸化炭素を原因とする地球温暖化の問題がテレビ等で取り上げられ，国レ

ベルで何とかしようと取り組みがされています。

水素ガスは燃焼しても二酸化炭素を発生しないため，クリーンエネルギーとして注目されています。水素自動車など注目されています。この水素ガス生産に鉄腐食性の微生物が利用できれば，環境問題ならびにエネルギー問題の解決に一役買うかも知れません。

●ヨウ素を酸化する微生物

鉄を腐食する微生物を探して環境中から様々な微生物を分離していたところ，不思議な微生物と遭遇しました。世界的にも報告例の少ないヨウ素酸化細菌という微生物です。この微生物，ヨウ化物イオンを酸化して分子状ヨウ素を生産します。

日本はヨウ素生産量世界第二位です。地下資源の乏しい日本ですが，関東の地下には高濃度のヨウ素を含んだ太古の海水が大量に眠っているのです。この様な水からヨウ素酸化細菌が，容易に分離できます。

ヨウ素酸化細菌，何が不思議かというと，この分子状ヨウ素を作るという点にあります。ヨウ素，実は殺菌剤に含まれます。ヨードチンキといってヨウ素をエタノールに溶かしたものが，消毒液として昔はよく使われていました。

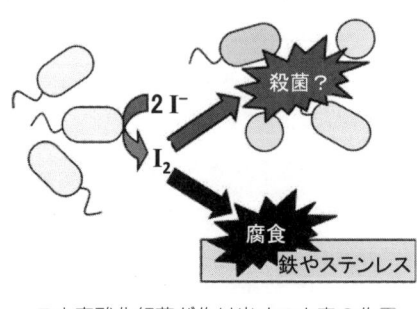

現在，ヨウ素系消毒液としてはイソジンが有名でしょう。ヨウ素は非常に反応性が高いため，微生物の細胞を壊して殺してしまいます。ヨウ素酸化細菌は，菌なのに殺菌剤を出しているのです。自分で自分の首を絞めているようなものです。まだ検証できていませんが，おそらく，他の菌を殺して自分がその環境中で生き残るためにヨウ素を出しているのではと考えています。また，高い反応性を持つヨウ素を作り出すため，鉄やステンレス鋼さえも腐食することが実験でわかりました。

ヨウ素酸化細菌が作り出すヨウ素の作用

15. 畜産食品のネーミングに関するはなし

　日本人の苗字の読み方は大変に難しいと思います。たとえば刑事役も悪役も演じることができる名脇役で有名な六平直政さんがいますが，彼の苗字はムサカと呼びます。平らなのに，なぜ坂なのでしょうか？　同じもの，同じようなもので名前（ネーミング）が異なるものが結構あります。

　今回は畜産食品でのネーミングの違いを話題にしてみましょう。

■同じ材料なのに

●ソーセージとウインナー

　ソーセージは，鳥獣類のひき肉などを塩，香辛料で調味し，牛肉や豚肉などの肉類を腸詰めにした製品の総称で，そのうちの1つがウインナーです。日本農林規格では，ウインナーソーセージは太さが 20 mm 未満のものを，フランクフルトソーセージは 20 mm 以上 36 mm 未満のものを，そして，ボロニアソーセージは 36 mm 以上のものをいいます。

ウインナーソーセージ

フランクフルトソーセージ

ボロニアソーセージ

ソーセージの起源

　折角なのでソーセージの起源について触れてみることとします。ソーセージとは，鳥獣類のひき肉などを塩や香辛料で調味した食品で、湯煮や燻煙などの燻製処理を行い保存食とされることが多いようです。しかし、ドイツなどでは生ひき

畜産うんちく編

肉を詰めたままのものをパティのようにパンに塗って食べる種類の物もあります。

　ソーセージの歴史はハムよりも古く、ホメロスの『オデュッセイア』には既に、山羊の胃袋に血と脂身を詰めた兵士の携行食として登場しています。

　保存食としての伝統的なソーセージは、細かく刻んだ肉と塩を羊腸などの食べられる袋に詰めて作ります。塩を入れる理由は①有害な微生物の増殖を抑制する、②筋繊維タンパクを溶解させ肉どうしを結合させるため　の2つです。多くは羊や豚の腸などのケーシングに詰められますが、最近は低脂肪組成の人工ケーシングも多く使われるようになってきました。アメリカのブレイクファスト・ソーセージのように成型のみで腸詰されないタイプの製品もあります。ひき肉をケーシングに詰める作業にはソーセージフィラーあるいは専用の絞り器もしくは絞り袋を用います。このうちソーセージフィラーは本体がシリンダー状になったもので、ケーシングを口金部にセットし、圧力をかけることでひき肉が押し出され、ケーシングに詰められるような仕組になっています。

　ソーセージは中に詰める肉の粗さ、肉と脂肪との比率、血液、シーズニングなど地域によって様々な種類が存在し、さらに保存方法も空気乾燥、燻製、発酵など多岐に分かれることによって多種多様なバラエティーが育まれてきました。また、ブーダン・ブランのようにソーセージの種類によってはパン、小麦粉、米、オートミール、コーンミール、春雨などデンプン質の素材をひき肉に混ぜることもあり、調理時にこれらが肉から出るや水分や脂肪を吸収してソーセージを縮みにくくしています。また、製造数日後で調理して食べることを想定したソーセージを生ソーセージ、製造過程で加熱しそのまま食べられるものを調理済みソーセージと呼んでいます。

　日本では魚肉をソーセージと似た形状に加工・包装した食品が販売されていますが、これを魚肉ソーセージといいますが、単にソーセージと

呼ぶ場合もあります。

●卵と玉子

調理前の殻付きの状態を卵，調理されたものを玉子と呼びます。単に卵という場合は鶏卵を指すことが多く，ウズラ，アヒル，ダチョウなどの卵を含む場合は玉子と呼びます。また，生物学の分野では卵，調理の分野では食材として玉子と呼ぶことが多いようです。

●カフェオレとカフェラテ

コーヒーに入れる牛乳の入れ方で区別します。つまり，カフェオレは熱く濃いコーヒーと熱い牛乳を同時に同量注いで作ります。これを持ち手のないカップで，あるいは大きめのマグカップで飲みます。

一方，カフェラテはエスプレッソマシンもしくは直火式のマキネッタという専用器具を用いて，深煎り・微細に挽いたコーヒー豆をカップ型の金属フィルターに詰めて，9気圧で約90℃の湯温・20〜25秒かけて，約30 ml のコーヒーを抽出して作ります。これは普通のコーヒーカップの半量ほどのカップで供されるので，デミタス（demi デミは半分，tasse タスはカップを意味するフランス語）と呼ばれます。家庭にはエスプレッソマシンなどはないでしょうから，大きめのカップに濃い

エスプレソマシン

めのコーヒーを入れ，温めた牛乳を注ぎ，その上に泡立てた牛乳を載せればカフェラテは完成です（総合調理用語辞典より）。

両者を区別して認識するには，「俺（オレ）は不器用だから泡を立てられない』と覚えたら，いかがでしょうか。ちなみに，カフェオレ café au lait はフランス語で，カフェラテ caffè latte はイタリア語です。

■焼き鳥とやきとり

やきとりタウンで有名な埼玉県東松山市の日疋氏によると，「やきとり」は豚肉，「焼き鳥」は鶏肉だそうです。昔は豚肉も鶏肉も高級品で，一般庶民が気軽に食べられるようにと，通常は捨てる豚の部位を串刺しにして売り始めたのが最初だそうです。当初は「やきとん」と呼んでいたようですが，名前的にしっくりこないので，先に定着していた「焼き鳥」の名称にあやかって，平仮名表記したそうです。

やきとり（豚肉）

焼き鳥（鶏肉）

肉だけの違いかと思いきや，同じ「やきとり」でも各地で食べ方まで異なるようです。全国やきとり連絡協議会に登録されている"やきとり都市（室蘭，福島，東松山，今治，久留米）"の中で，東松山の他に室蘭も豚派。東松山は辛味噌をつけて食べるのに対し，洋ガラシをつけて食べるのが室蘭流です。またスタンダードな"かしら"でも，肉の間に野菜がサンドされているのが普通で，東松山はネギ，室蘭では玉ネギが挟まっています。

■チーズとフロマージュ

チーズ cheese は英語ですが，フラン

ス語ではフロマージュ fromage といいます。前出の総合調理用語辞典でフロマージュを見ると，＝チーズとの記載があります。しかし，なぜかフロマージュはお菓子を連想する響きに感じるのは私だけでしょうか。

■肉料理のネーミング

　肉料理を食べている時に，「どうしてこの料理には，こんな名前がついたのかな？どこの国が由来の料理なのかな？」と考えたことはないでしょうか？　漫然と肉料理を食べないで，このあたりのことを考えながら食べると，一味違う味となり，新たな展開に繋がるかも知れません。

　ここでは，肉料理のネーミングについて考えてみましょう。

●牛肉を材料とした料理

　カルパッチョ：イタリア原産で carpaccio と表記します。生の牛肉や魚介類を薄切りにし，オリーブオイル，レモン汁などをかけ，さらにチーズをかけるものもあります。

　ベネチア派の画家ビットーレ・カルパッチョに由来するそうですが，彼自身がこの料理を好んだという説，イタリアのバーでこの料理を提供するにあたり，赤を基調とする彼の絵をイメージして命名したとの説もあります。

　タルタルステーキ：中央アジアの遊牧民タタール人に由来し，tartar steak と表記します。もともとは馬肉が材料で，遊牧民が遠征する時の食料として鞍の下に細かく切った肉を入れ，自身の体重で肉を軟らかくし，山野のハーブを加えたものが起源とされています。

　この文化がヨーロッパに伝わり，馬肉が牛肉になり，コショウやハーブ，卵黄を加え，ライ麦パンに載せて食べるよう

161

になったそうです。

ビーフストロガノフ：ロシアの代表的な料理で，бефстроганов と表記します。諸説があり，20世紀のロシアの料理研究家ヴィリヤム・ポフリョプキンによれば，アレクサンドル・グリゴリエヴィチ・ストロガノフ（1795～1891）の時代に生まれたと主張しています。ある食事会で彼の料理人が作り評判となり，ストロガノフの死後に彼を偲んで料理に「ストロガノフ」の名をつけた説が有力です。

ユッケ：韓国式のタルタルステーキ風料理で肉膾（にくなます），육회と表記します。肉は육ユクで，膾は회フェの発音で，続けるとユッケに聞こえます。

膾は獣肉や魚肉を細かく刻んだものを意味します。主に牛肉を細切りし，醤油，胡麻油，砂糖，コチジャンなどで味を整え，ネギや胡麻，松の実などの薬味を添え，ナシやリンゴをトッピングします。

最近，ユッケの安全性が取り沙汰されていますが，子供や老人は避けた方が賢明と思われます。

ポトフ：フランスの家庭料理で，pot-au-feu と表記します。牛肉を始め，ソーセージ，大切りした人参，玉ねぎ，カブ，セロリなどを煮込みます。

英語表記では pot on fire，つまり「火にかけた鍋」とされ，鍋料理を意味しています。ドイツの家庭料理のアイントプフ eintopf や，日本のおでんはこのポトフの親戚のような料理といえます。

●羊肉を材料とした料理

ケバブおよびシシカバブ：中東地域で供される料理で主に羊肉を材料としています。日本人に馴染みが深いのはトルコのケバブ kebap でしょう。なお，ケバブには焼く，焦がすという意味も含まれます。

ドネルケバブ　　　　　シシカバブ

串焼きはシシカバブですが，shish は串を意味します。また，回転させながら焼いたものを削ぎ切りしたものをドネルケバブ döner kebabı と呼んでいますが，こちらはヒゲ面のトルコ人が街角でトルコアイスと一緒に売っているのをよく見かけます。

ジンギスカン：マトンやラムを用いた羊肉の焼肉料理で，成吉思汗と表記されます。源義経に端を発するジンギスカンに関連しているように思われますが，実際のモンゴル料理とはかけ離れています。

大正年間に大陸在住の日本人が「成吉斯汗鍋」と命名したとの説がありますが，今日のものとは異質でした。鍋自体は主に鋳鉄製で，羊の繁殖が盛んだった北海道，岩手や長野でブームが起きたようです。

●鶏肉を材料とした料理

タンドリーチキン：インド料理の定番でもあるタンドリーチキンはヒンズー語でतंदूरी मुर्गと表記します。

畜産うんちく編

　基本的には鶏もも肉を，塩，コショウ，ウコンなどの調味香辛料などで塗し，ヨーグルトに半日ほど漬け込んだ後で，タンドールと呼ばれる円筒形の粘土製の壺窯型オーブンを使って香ばしく焼き上げます。その色はウコンと食紅の影響で鮮やかな緋色に着色してあることが多いです。インド風のカレー味で食べます。ヨーグルトに含まれる乳酸や乳酸菌の働きで肉は軟らかくなります。

　サムゲタン：韓国料理の１つで，参鶏湯と看板やメニューに書かれることが多く，ハングルでは삼계탕と表記します。

　原型は鶏の腹から内臓を取り出し，もち米，干ナツメ，栗，松の実，ニンニクを詰め，水から２～３時間煮込みます。後に高麗人参を丸ごと入れるようになりました。スープというと寒い時期を連想しますが，夏バテ対策として，好んで夏に提供されていましたが，今日では一年中，食べることができます。汗をかきながら食べ，最後に白米を入れると最高ですね。もともとは「鶏参湯」（ケサムタン）の名称でしたが，朝鮮人参の効果を強調するために「参鶏湯」（サムゲタン）に呼称変更されたとの説があります。

　ザンギ：諸説あるようですが，鶏の唐揚げのことを北海道ではザンギと呼んでいます。ずっと，どこかのエスニック料理と思っていましたが，違いました。

　その由来は中国語の「炸鶏」（ザーチーと発音）がなまったもの，またまた同じく中国語の「揚鶏」（ジャージー）がなまったものと考えられています。なお，「鶏」の発音はジーあるいはチー，「油で揚げる」の発音はザーに近いでしょうか。

●豚肉を材料とした料理

　トンポーロウ：中華料理の１つで浙江省の杭州の郷土料理が原型で，

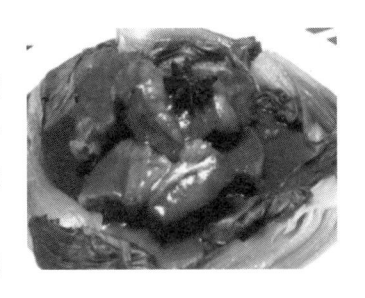

東坡肉と表記します。

料理は皮つきの豚のバラ肉を一度，茹でて，余分な脂を取り，醤油と紹興酒など砂糖で煮含めた料理です。杭州の東坡肉は多量の砂糖で甘く味つけされることが多く，壺の中に肉を入れて密閉し，蒸して　供することもあります。料理名はこの料理を考案したとされる北宋の詩人・蘇軾（1036～1101年）の号である「蘇東坡」に由来するとされています。

トンカツ：「カツ」とは牛，豚，鶏肉などの肉の切り身に，小麦粉，とき卵，パン粉をつけて油で揚げた料理で，中でもトンカツはれっきとした和食です。

語源は英語のcutlet（カツレツ）が略されたものですが，cutletとは肉の切り身そのものを意味します。なお，フランス語のcotelette（コートレット）は薄切り骨つき背肉を意味し，これにパン粉をつけ，フライパンで焼き揚げる料理の名称にもなっています。

日本で洋食のカツレツを和食のトンカツに近づけたのは東京銀座の洋食店「煉瓦亭」の創業者である木田元次郎といわれています。

●**その他の肉を材料とした料理**

スズメ焼き：京都伏見稲荷の参道には串に刺したスズメの焼き鳥を売る店があります。伏見稲荷は商売繁盛と五穀豊穣の神様で，穀物を食い荒らすスズメ退治のために名物が生まれたようです。

すずめ焼き（鮒以外の川エビなども）

一方，小鮒を背開きして串刺しし，タレを付けて焼いたものも「すずめ焼き」と呼んでいます。由来は殿様が狩りに来た時に食べたものを「これは雀を焼いたものか？」と尋ねたことに始まったようです。今では丸刺しも「すずめ焼き」と呼んでいます（千葉県の「麻兆」のHPより）。著者はスズメの方は後年になって食べました。

16. 畜産物の偽装に関するはなし

2013年の秋以降，食品偽装が問題となりました。この偽装とは食料品の小売，卸売，飲食店などでの商品提供において，生産地，原材料，消費期限や賞味期限，食用の適否などについて，事実とは異なった表示を行った状態をいいます。ほとんどの関係者は真面目に仕事をやっているのに，一部の不心得者のためにその業界すべてがグレーゾーンに包含されることもあります。

ここでは，畜産物などの偽装とその周辺について触れてみましょう。

■偽装の種類

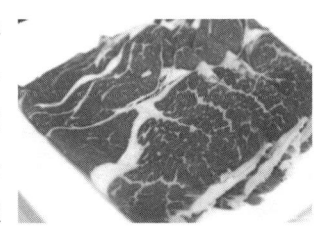

悪乗り偽装：兵庫県の会社が国外産の牛肉を国内産と偽って国内産牛肉のパッケージに詰め込み，農林水産省に買い取り費用を不正請求（国産牛肉はBSEに感染した可能性があるので，国が国産牛肉を買い取る事業）したもので，買取制度を悪用した悪乗り・悪質な事件（2001年）でした。

悪意の偽装：北海道の食品加工卸売会社が牛肉ミンチに安価な豚肉や鶏肉を混ぜ込み，品質表示を偽装した事件（2007年）。事件発覚後，会社は破産しました。

等級などの偽装：岐阜県の食肉業者が下位等級の飛騨牛を上位等級のシールで偽装，あるいは，基準を満たさない牛肉を飛騨牛であると偽装（2008年）。飛騨牛の信頼性が踏みにじられました。内部告発によって発覚した事件でしたが，これに端を発し，杜撰な衛生管理，豚肉の

産地偽装なども次々と露見し，社長は辞任し，2009 年，岐阜地裁で懲役 1 年 6 ヶ月，執行猶予 4 年の有罪判決を受けました。

成分の偽装：中国の大手乳業メーカーが粉ミルクにメラミンを混入させた事件（2008 年）は衝撃的でした。牛乳を水で薄めたことを隠蔽するためにメラミンを混入し，タンパク質含量を上げる偽装をしました。メラミンは尿素とアンモニアから作られる有機化合物で食器やボタンなどの原料に使われますが，大量摂取で，乳幼児に腎臓結石などを引き起こし，死に至ることもあります。

メラミン樹脂成形材

処分される粉ミルク

産地の偽装：神奈川県内の養蜂業者が，カナダ産やニュージーランド産の蜂蜜を，原産地を「北海道」と表示し，日本産であると偽装して「国産クローバー蜂蜜」との名称で販売していた事件（2010 年）。会長と社長が神奈川県警に不正競争防止法違反容疑で逮捕されました。

掟破りの偽装：ノルウェー国内の業者が販売していたイスラム教徒向けの羊肉から，禁忌とされている豚肉が 5～30％混入していることが発覚，業者が告訴（2013 年）されました。

■なぜ偽装するのか

たとえば，「かごしま黒豚」とは肥育後期にサツマイモを 10～20％添加した飼料を出荷直前の 60 日前から与え，鹿児島県黒豚生産者協議会の会員が，県内で生産・肥育出荷・と畜したバークシャー種であり，か

つ出荷時に1頭当たりの拠出金を納めた場合にその表示が認められています。黒豚は鹿児島以外にも、埼玉県（彩の国黒豚）、群馬県（とんくろー）、岡山県（おかやま黒豚）、香川県（讃岐黒豚）に存在します。

このバークシャー種は黒色の体毛で全身を被われていますが、顔面、後躯、4本の足の先端部の体毛が白いのが特徴で六白とも呼ばれています。

料理番組やマスコミで多く紹介されるうちに、人気となり、当然のこととして、次第に品薄となり、「かごしま黒豚」に高値がつくようになりました。

苦労をして豚肉を生産するのであれば、誰でもが高値での売買を狙うのは当然の成り行きです。しかし、実際には生産者ではなく、仲買人などの中間業者が相場を左右させています。

つまり、需要と供給の関係で、六白＝黒豚＝「かごしま黒豚」の図式が成り立つので、偽装を思いつく、あらぬ輩が悪事に手を染めることとなります。

つまり、畜産物の偽装の理由は　①流通量が圧倒的に少ない品物への需要に対する過剰な供給、②安い原材料で高い利益を追求、の2つに集約されます。単に心無い業者が金儲けをするだけにとどまらず、健康被害などが発生することが大きな社会問題となっています。

ここで、食肉の偽装の原点となった加工処理とその周辺について触れてみましょう。

■食肉の加工処理

基本的に、肉塊の内部には菌は存在しません。腸管出血性大腸菌 O-157 での食中毒事件は精肉に原因菌が付着していたことに端を発しています。通

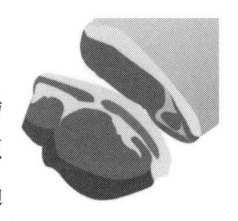

畜産うんちく編

常，除骨した肉をトリミングして，必要に応じてカット，スライスあるいはひき肉としています。しかし，この操作とは別に成型加工というものがあります。成型加工の過程での菌の汚染が問題視されています。

結着処理：細かいクズ肉や内臓肉を軟化剤で軟らかくして結着剤で固め，形状を整えた食肉を指します。軟化剤や結着剤には，主に牛乳由来のカゼインナトリウム，カラギーナン，アルギル酸塩，アルカリ製剤などの食品添加物が使用されています。

結着成型のサイコロステーキ

ブロック肉の場合は互いの接着面に塗り，重ね合わせ，冷凍すると結着剤が水分と結合して固まります。ミンチ状やコマ肉などは均等に結着剤を練り込み整形されます。ポイントはすべて冷凍により結着しますが，完全ではないので解凍時や焼くなどで肉が収縮して剝がれることもしばしばあります。

この加工方法はもともとは，安価な肉や，そのままでは商品化しにくい端材を利用するために開発されたため，比較的安価なものが多いはずです。

安いステーキやサイロステーキにはこの結着処理した肉がかなり用いられていると思われます。肉塊の内部には菌は存在しなくても，表面と表面部分を貼り合わせることに問題があります。菌が存在する可能性の問題と結着剤の健康被害といった問題の二面性に問題が潜んでいます。

大手デパートの高島屋は 2013 年 11 月 30 日，カタログ販売している

170

ローストビーフで，食品衛生法で認められていない結着剤を使用したブロック肉が使われていたことを発表しました。また，サンドイッチの大手・サブウエイの食材であるローストビーフに食品衛生法で認められていない結着剤を使用した事件も2010年にありました。

テンダライズ（tenderize）処理：肉をたたく，刃を用いて筋および繊維を短く切断する，パパイン酵素などの薬品を使い，その原形を保ったまま軟らかくすることをいいます。

広く行われているのは，針状のナイフ（ジャカードナイフ）を肉の中に差し込み，繊維，筋などを細かく分断する方法です。主にブロック状の肉に行いますが，ナイフの衛生が保たれていることが最も重要です。ナイフが不衛生だった場合，ナイフに付着した菌を食肉中に埋め込むことになってしまいます。

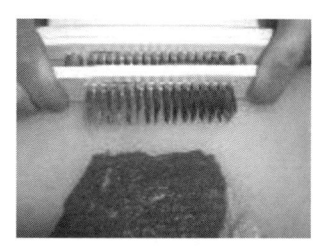

ジャガードナイフ

その結果，肉の日持ちも悪くなり，最悪の場合は食中毒の原因にもなりかねません。また，肉に無数の穴があいた状態になるので，肉汁を重視するような料理は避けた方がよいでしょう。

タンブリング（tumbling）処理：調味液を機械などで肉に染み込ませることをいいますが，他にインジェクター（一種の注射器）と呼ばれる機械で肉に調味料を入れることをいいます。

もともとはハムなどの加工肉の処理から始まった技術ですが，安価な赤身の牛肉に牛脂をインジェクションして，霜降り牛肉などと偽装し，ステーキやローストビーフとして販売し問題となりました。また，インジェクターや内部に注入するもの（調味料や脂）が必ずしも衛生的に処理された物なのかの保証はありません。

インジェクションマシン

171

畜産うんちく編

●食肉の生食による食中毒リスク

　畜産物の偽装はなぜ問題となるのでしょうか。①流通量が圧倒的に少ない品物への需要に対する過剰な供給を充足させるために，心無い業者が不正な手段により金儲けをする，②健康被害などが発生する，の2つに集約されます。これらはいずれも社会正義に反するものです。

　ここでは，食肉の偽装の問題点とされる食中毒リスクと加工肉の問題点について述べることとします。

　基本的に，肉塊の内部には菌は存在しません。鶏肉はカンピロバクターやサルモネラ，牛肉は腸管出血性大腸菌O-157，豚肉はE型肝炎ウイルスが食中毒事件の原因微生物として問題となります。

　これらの微生物は家畜や家禽の腸管内などに棲息していますが，肉を解体処理する時点で汚染が発生します。次いで，精肉処理や，調理処理する段階で微生物はまな板，ナイフ，調理器具，野菜などに付着し，感染の機会が増えることとなります。

　東京都が行った調査では，「3ヶ月以内に食肉を生食しましたか？」との問に対し，60歳代では30％未満でしたが，若齢化するにつれ生食傾向は高くなり，20歳代では50％以上が生食をしているとの回答が得られました。

　厚労省が定めた「生食用食肉の衛生基準」に適合し，出荷されているのは馬肉と馬レバーのみです。つまり，牛肉や牛および豚レバーについては生食用の出荷の実績はありません。なお，豚肉や鶏肉はこの基準の対象外となっています。

　しかし，鹿児島県や宮崎県では，鶏肉を生食する食習慣があります。両県には，独自の衛生基準がありますが，罰則規定はありません。宮崎県衛生管理課は「規制をかけると全て引っかかってしまう可能性もあ

鶏肉のタタキ

172

り，生食をやめろということになってしまう。鶏の生肉で生計を立てている人も多い。厳しい規制には反発があるだろう」と明かしています。

鶏肉の生食について，畜産生物科学安全研究所（現・生物科学安全研究所）の中村先生は，「鶏肉は新鮮でも菌が付着していることがある。基本的に生食は避けるべきだ」と指摘しています。さらに，「鶏肉の生食は全国的に広がっており，罰則は設けないまでも何らかの生食用衛生基準があった方が良い」とコメントされています。

加工肉の問題点

鳥刺し，牛レバー，ユッケを食べなければ大丈夫かどうか……答えは No です。ひき肉を使ったハンバーグはトリミングした後のクズ肉やスネ肉の部分から作ります。また，安価なサイコロステーキは細かいクズ肉や内臓肉を食品添加物である軟化剤で軟化し，結着剤で固め，形状をサイコロ状に整えて作ります。安価なステーキは硬い肉に針状のナイフを肉の中に差し込み，繊維，筋などを細かく分断する方法で作ります。さらに，通常の価格以上に安い霜降り肉は安価な赤身の牛肉に牛脂を注射（インジェクション）して，霜降り牛肉などと偽装し，ステーキやローストビーフとして販売しています。

何が問題なのかということですが，これらの牛肉由来の加工肉は「牛肉だから生や半生でも大丈夫」といった間違った固定概念のもとに調理・提供される機会が他の肉に比べて，多いことです。肉の深部には病原微生物は存在しなくても，表面での存在を否定することは難問です。ひき肉にしたり，結着することにより病原微生物は深部に侵入しやすくなります。また，汚染したナイフが肉の深部に触れたり，インジェクターや注入される牛脂などの材料が汚染していた場合には汚染の機会は拡

大します。

では，加工肉は危険なのでしょうか。これは No です。要は安価なこれらの加工肉でも，生食や半生の状態で食べずに，十分に深部まで加熱して食べれば，仮に病原微生物に汚染されていても，食中毒に陥るリスクはきわめて低いものと考えられます。

■偽装かどうか・・・

「人の噂も 75 日……」そんな状態で，畜産物の偽装問題も，やがては忘れ去られることと思います。でも，Happy end ではありません。今後，どのような偽装が表在化してくるのでしょうか。もう一度，周りを見渡して見ることとしましょう。

●特殊卵（栄養強化卵）について

特殊卵とは消費者が求める価値を付与した卵で，高い値段をつけても売れる卵（いわゆる差別化商品）のことで，一般的には栄養強化卵などと呼ばれているものに代表されます。多様な価値観の時代，色々な卵の中から，好みにあった卵を選びたいというニーズがあってこそ，特殊卵は成り立っています。

特殊卵の一例

大別して，①ヨウ素，リノール酸，アルファーリノレン酸，EPA，DHA，ビタミン E など特定の栄養成分を多く含む卵，②卵黄色を濃厚にした卵，③放し飼い，有精卵など飼育法と関連した卵，④赤玉，ピンク卵，青色卵など鶏の品種，系統の違いを利用した卵，⑤エサの原料にこだわった卵，⑥採卵期間を短縮した若鶏の卵　などがあります。

このうち，飼料の調製で，卵黄の成分を変えることは意外と簡単で，筆者も鉄剤（硫酸第一鉄，フマール酸鉄など）を飼料に添加し，卵黄の鉄分を高める目的の実験で，結果がたやすく得られた記憶があります。「ヨウ素やリノール酸，EPA，DHA やビタミン E が豊富に含有されてい

る」ことを歌い文句に，通常よりも高い値段で販売されている鶏卵があります。消費者は製造者（生産者）の表示を鵜呑みにしてお金を支払っています。

製品を開発している段階では，飼料と鶏卵の成分を正確に把握して，表示やパンフレットを作成するでしょうが，その正義がどこまで続くのかは，生産者にしかわからないことなのです。

実は，特殊卵や栄養強化卵には基準や規制はまったくありません。つまり，ある特定の成分が多い，少ないは正義に基づくはなしなのです。しかし，JAS（日本農林規格）法の平成21年の改正で，肉・肉製品類や鶏卵などの生鮮食品の場合，内容物を誤認するような文字，写真の表示は禁止されました。これにより，ラベルに表示された成分が含まれていなかった場合や，含有量が明確に異なっていれば法律違反となります。そして，行政指導がなされ，改善に応じない場合には都道府県知事名での通達，そして罰金や懲役刑が課せられることとなりました。

● **牛乳について**

鶏卵となれば牛乳も登場します。牛乳については「乳及び乳製品の成分規格等に関する省令」という法律があります。この省とはもちろん，厚生労働省です。この法律で，「牛乳」とは，直接飲用に供する目的又はこれを原料とした食品の製造若しくは加工の用に供する目的で販売（不特定又は多数の者に対する販売以外の授与を含む。以下同じ。）する牛の乳をいうと，規定されています。なお，省令において「生乳」とは，搾取したままの牛の乳で，「牛乳」とは生乳100％，成分無調整で殺菌したもの，乳脂肪分3.0％以上，無脂乳固形分8.0％以上と細かに規定されています。つまり，これ以外のものは「牛乳」といった表示は一切できません。

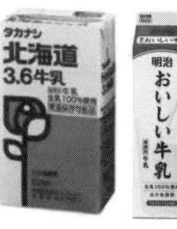

市販牛乳の一例

175

したがって，鉄分強化，カルシウム（以下，Ca）強化などを歌う牛乳は，法的には「牛乳」ではなく，「成分調製乳」とか「乳飲料」と呼ばれます。

しかし，飼料に工夫をすることで，乳脂肪や無脂乳固形分を結果的に左右させることは法的には何らの問題もありません。

牛乳は Ca を効率よく摂取することが可能な食品ですが，著者らは 20 年程前に飼料に CPP（Casein phosphopeptide）を添加し，牛乳中に含まれる Ca を向上させる試験を行いました。結果として，通常の牛乳よりも 20mg/dl 程 Ca 含量の多い牛乳（20〜30％増）を生産することができました（機能性素材 CPP のはなし：CPP 研究会編：ベネット 2005）。

■ホントが知りたい食の安全（日本経済新聞：2013/12/3 より）

最近，食品の偽装関連のニュースが続いています。有名なホテルやレストランが偽装を自主的に報告して社長が辞任するなど，社会的に大きな影響を及ぼしています。なぜこのような食品の偽装が簡単に発生してしまうのでしょう。そこには大きく 4 つの理由が挙げられます。

1 つ目は，「偽装が意外に簡単」だということ。最近の水産物は冷凍技術の発達によって，海外で生産していても，非常に良い状態で国内に入ってきます。そのため海外産のものを国産だと偽装しても，食べたときに容易にはわかりません。美味しさという点はあまり変わらないことも多く，なかなか気づかれないのです。

もっとも，国産でしっかり品質管理したものは当然ケタ違いに品質が良いので，わかる人には一発でわかります。しかし，焼く，煮る，おまけにその上に濃いソースなどがかかると，なかなかわからないかもしれません。

また消費者が，味とは関係なくてもプレミアムを感じることも原因の 1 つでしょう。品質に差がなかったとしても，生産者の努力やストーリー性といったところに価値を感じることもあるでしょう。

2 つ目は単純で，「同じようなものでも，産地や種によって価格がま

ったく異なる」ということです。この価格差は，原価を抑える上で一見，大きな効果をもたらします。偽装する会社にとっては，偽装が単純な儲けの動機になってしまうのです。

しかし偽装は，消費者をだましている訳で，決してやってはいけない行為です。一度でも行うと，現在も将来も「消費者をだます企業」という烙印を押されます。だからこそ，社最高責任者である社長を始め，経営陣を総入れ替えするような苛烈な改善を行わざるを得ないのです。

3つ目は法的な理由です。「レストランなどで出される外食の料理は，法的には表示義務がやや緩い」といえます。もちろん偽装は悪いことですが，原材料の産地表示の義務も明確ではありません。

この点は，小売店で売られている商品に産地表示義務があるのと大きく異なる部分です。とはいえ，小売の現場でも偽装が発生しているので，他にも大きな理由があるといえます。

4つ目はその最大の理由です。それは「消費者側がそのものをよく知らない」ということです。食品の産地や原材料の偽装は今始まったことではなく，むしろ過去の方が多く行われていた可能性があります。消費者がそもそも識別できないので，「偽装してもバレない」という状況になりやすいのです。

このように偽装する理由を列記しましたが，バナメイ海老を使っているにもかかわらず，シバエビと表示するのはあまりにもひどいです。

確かに同じクルマエビ科のエビで，どちらも白っぽくて小ぶりな点は似ていますが，明らかに別物です。バナメイ海老は主として中国南部や東南アジアで養殖されており，シバエビは国産の天然のエビです。確かに似てはいますが，肉質も茹でた時の色目も異なります。

レストランのシェフが「同じものとして扱ってきたし，違いはわからない」というコメントをしたとか，しないとかというはなしが出ていましたが，それはありえません。プロのバイヤーであれば，バナメイとシバエビは簡単に区別できるはずです。わからないというのなら，正直シェフとして食材の目利き能力が低い，と自ら言っているようなものです。

畜産うんちく編

　消費者がレストランを選ぶ基準は，食材ではなくシェフの腕前のはずです。食材が良いことは重要ですが，美味しい味の演出こそシェフのすべてであるはずでしょう。偽装してまで食材のブランドで客を惹こうとするマーケティングは，高級レストランが絶対にしてはいけない手法だと思います。

●偽装騒ぎは「市場の価格」の適正化に貢献する

　ただし，このような偽装騒ぎが起きることは，漁業者などの生産者にとってはプラスです。本来，シバエビとバナメイは，価格差も倍以上あ

バナメイエビ：タイ産　　　　シバエビ：国産

主な食品偽装の一覧

メニュー上の食材表示	実際に用いられた食材など	該当ホテル（発生年）
前沢牛	山形牛	ヒルトン東京（2008）
オーガニック野菜	通常の野菜	
北海道産ボタンエビ	カナダ産	
京地鶏	ブロイラー	グランヴィア京都（2010）
牛肉	牛脂注入加工肉	ホテルクレメント徳島（2010）
芝エビ	バナメイエビ	JRタワーホテル日航札幌（2013）
車エビ	ブラックタイガー	名鉄グランドホテル（2013）
伊勢エビ	ロブスター（オマールエビ）	
鮮魚	冷凍魚	阪急阪神ホテルズ（2013）
沖縄産豚肉	沖縄産ではない豚肉	
九条ネギ	青ネギ・白ネギ	
フランス産栗	韓国産	帝国ホテル（2013）
フレッシュジュース	濃縮還元ジュース	
自家製ソーセージ	外部に製造委託	ホテルオークラ（2013）
自家製パン	外部に製造を委託，既製品の使用	ザ・リッツ・カールトン大阪（2013）
北海道スモークサーモン	ノルウェー，チリ産	ザ・ウィンザーホテル洞爺リゾート＆スパ（2013）
知床地鶏	知床地鶏ではない鶏肉	

るまったくの別物です。偽装表示があると，消費者はシバエビと思ってバナメイを消費していますので，シバエビの価格はバナメイに近づいてしまいます。シバエビは，本来の市場ではなくバナメイ市場の価格で商品を扱われることになります。そうなると，シバエビの生産者は本来得るはずの利益をバメメイに奪われて採算が合わず，シバエビの市場自体がなくなってしまう可能性さえあります。

　偽装が表面化することで，シバエビとバナメイは「違うもの」と誰の目にも明確になります。そして，本来のシバエビの適正価格になっていくでしょう。偽装がなくなっていくことは，消費者だけではなく生産者にとってもプラスになるのはこういった理由からです。

●豚の内臓で数十人が中毒症状，原因は飼料添加物か?

（2011年2月23日15時21分配信 CNN.co.jp より）

　北京2月23日付の新華社電によると，中国広東省で先週，豚の内臓を食べた住民ら少なくとも70人が，腹痛や下痢などの中毒症状を訴えていたことがわかった。報道によれば，中毒が発生したのは19日。英字紙チャイナ・デーリーが衛生当局者の話として伝えたところによると，患者の大半は病院で治療を受けて帰宅したが，3人は依然として入院中だという。地元衛生当局によると，原因は豚の飼料に含まれていた違法な添加物とされる。初期調査の結果，クレンブテロール（痩肉精）という化学物質に汚染されていたと見られた。当局は，汚染豚の飼育，販売に関与したとして，3人を拘束したと発表した。

　痩肉精は飼料に加えて与えると脂肪の少ない豚が育ち，肉が高く売れるが，人体には害があることが知られ，使用は禁止されている。中国では2006年9月にも，痩肉精入りの飼料で肥育された豚の肉や内臓が上海で売られ，300人以上が入院する騒ぎがあった。

　「痩肉精中毒」といっても，ピンとこない人が多いと思います。薬品名で，塩酸クレンブテロールといえば医師なら知っているはずでしょう。喘息発作の薬，気管支拡張剤です。「痩肉精」とはこの塩酸クレンブテロールを主成分とした化学薬品です。この薬物は単純にいえば交感

神経を興奮させる作用があり，これを飼料に混合された豚は，興奮し，脂肪が減少し，筋肉に赤味が増すそうです。つまり肉色が鮮やかなピンクになり，肉を商品化した時見栄えが良くなるそうです。

薬物だから当然副作用があります。まず手の痙攣，めまい，動悸，不整脈，現在では治療にもあまり使用されません。それほど，慎重に取り扱う薬です。その薬をとくに量も決めず，豚に与えた結果，その薬が肉や内臓に残留し，それを食べたヒトが中毒になるという事件が，1998年頃から中国全土で多発しています。当局の不完全な統計では2006年までに1,700人以上（1人死亡）の被害が発生しています。最近では2006年9月に上海市で浙江省海塩県産の豚肉を食べた336人が中毒を起こす事件がありました。

この他，ホルモン剤まみれで子供の早熟や不妊につながる養殖水産物（ウナギ，スッポン），見た目は良いが有毒着色料にまみれた真っ赤なイチゴ，エビ，さらにはニセ牛乳，ニセ粉ミルクによる乳児や老人の健康被害……等々についても報告が枚挙に暇がありません。

● 「段ボール肉まん事件」

2007年7月12日付けの中国の新聞各紙が「北京市の露店で，肉まんの材料に本来使われるひき肉とともに段ボールを混入させた『偽装肉まん』が発売された」と報道しました。これは，使われなくなった段ボールを苛性ソーダ（水酸化ナトリウム）に浸した水で脱色して紙をボロボロにし，それとひき肉を6:4の割合で混ぜ合わせたとされています。しかも，豚肉の香料を加えて，本物と見わけがつかないように製造されたと報じられました。

この報道の発端は，地元の北京テレビの情報番組『透明度』で7月8日に報道された潜入取材でした。経営者が「本物の肉まんの数分の1程度のコストで製造でき，1日1,000元の儲けを得た」と説明。また地元当局の調査によると，この露店は無許可営業をしていたそうです。

その後，北京市内の露店を抜き打ち調査したところ，他の露店ではそれらしいものが発売されているところがなく，また問題の露店の経営者

は逃亡したという報道がなされました。

　しかし，この騒動にはオマケがつきました。つまり，テレビ局の主張によれば，7月18日，中国のウェブサイト「千龍網」で，この段ボール肉まんは北京テレビのスタッフが，出稼ぎ労働者らに金を払い作るように指示を出した，いわゆるやらせ撮影であったと同テレビ局関係者が主張し，謝罪しました。その後7月20日，北京市内の当局は，やらせを行ったとされた臨時スタッフを司法処分とする他，その番組に携わった3人の責任者に対しても免職等の処分が行われました。

　8月12日，「偽造肉まん」のビデオを作成してテレビ局に持ち込んだ臨時スタッフの被告に対し，北京市第2中級人民法院は懲役1年と罰金1,000元（約1万6,000円）の有罪判決を言い渡しました。しかし，捜査過程で市民から「餃子に紙が入っていた」などという通報も相次いでおり，中国側の「やらせであったという報道」が，事実を隠すための「虚偽報道」ではないかとする見方もあります。また，疑惑の原因は事件のあった建物を即刻立ち入り禁止にしてから，海外メディアに満足な取材もさせないうちに取り壊すという行為にもあります。また，新華社電によれば現地の市民も同様の疑いを持っているといいます。

　なお，この事件を報じた1局であるNHKは未だに訂正報道をしておらず，仮に捏造が真実であった場合，BPOの「放送倫理検証委員会」で問題になる可能性があります。

●腐った果物でフルーツジュース！（Record China:2013.9.25）

　報道によれば，中国国内の果汁メーカーである匯源果汁，安徳利果汁，海昇果汁の3社は果物農家から腐って変質したり，地面に落ちた果実を購入して原料に使用し，4ヶ所の生産工場でジュースや濃縮果汁製品を製造していた。匯源果汁は果汁飲料のトップシェアを誇る中国国内では有名なブランドで，香港にも株式を上場している。

　現場で日常行われている監督管理部門

の巡査記録を見た結果，衛生管理には問題がないとして，採取したサンプルの検査結果に問題がなければ生産停止を命じた工場を再開させなければならないと語った。

●髪の毛で醤油をつくる？（CCTV 毎週質量報告）

2004 年に「体毛が逆立つほどぞっとする毛髪醤油」と報道され，中国全土に衝撃を与えたニセ醤油問題というのがあります。

毛髪醤油とは，人の毛髪を原料にしたアミノ酸液を原料としています。CCTVの番組では，ゴミや使用済みコンドームまで混じる毛髪を洗わずに，そのまま粉末機に入れ，それを酸で分解してアミノ酸液に換え，それを加熱しながら，工業用窒素ナトリウムを加え，その後塩酸を加えて中和，それを煮詰めて紅砂糖，工業ソーセージ用塩，カラメル着色料，香料を加え味つけしていたといいます。……学者らはこの毛髪醤油が，不衛生なだけでなく，重金属汚染の可能性も指摘，発ガン性があるという見方を示す人もいるそうです。

使用済みコンドームまで混じる毛髪をそのまま醤油の原料にするとは，まさに「体毛が逆立つほどぞっとします」が，記者によると，中国では生活必需品である「米・油・塩・醤・醋・茶については，すべて品質や安全性が問題になっている」といわれています。中でも塩や米は，カドミウムなどの有毒物質を含んだ土壌で作られているケースもあるそうです。

●中国社会を映し出す鏡

中国の食品偽装とその害毒の実態を知るにつけ，疑問に思わざるを得ないのは，それがあまりにも多岐にわたると同時に，事件発覚後もまた同様の事件が繰り返されているということです。日本でも近年，乳製品による集団食中毒，牛肉・豚肉の偽装，期限切れ牛乳使用といった食の安全を揺るがす事件が発生しているとはいえ，規模からいえば中国とは比較になりません。また，日本では一旦，このような問題が発覚すれば，同じことの繰り返しはまずありません。それが中国において繰り返されるのはなぜでしょうか。

これには色々な分析があります。「いくらこういった工場を摘発して

も，改善の見通しはつかない。多くの工場の生産は地方政府の収益と関係がある。工場が利益を上げられなくなると，地方政府の減益につながるため，地方政府は取り締まりに消極的なのだ。さらには，隠蔽，庇護をして，摘発を阻止するための手伝いをすることさえある。中国の体制を根本的に変え，集団的な犯罪行為の温床そのものを潰さない限りは，中国の国民の被害は避けられない……」

■コピー食品

　コピー食品とはある食材に似せて，別の原材料を用いて作った加工食品のことをいいます。もともとの食材が高価で稀少な場合，季節外れの場合などに製造されます。ヒトが病気などによって食物制限がある場合に，その代用食として用いられる場合もあります。また，意外性，意匠性を目的に作られる場合もあるようです。

　コピー食品は味や食感を似せるために多くの創意工夫が凝らされています。しかし，あまりに工夫し過ぎると，製造コストが高くなり，もともとの食材の方が割安となる場合もあるので，とくに高価な食材を模した場合はこの問題は致命的とされます。

　代用食としてのコピー食品には，アレルゲンとなる成分を省いたり，特定の栄養素を強化した物，逆に特定の成分を省いた物などがあり，食べた際の味や舌触り・満足感が得られるように工夫されています。

　注意しなければならないのは，コピーはあくまでもコピーなので，その実態は正確に公表されなければ，すべてが偽装になってしまいます。

●入手難や高価を理由に作られたコピー食品

　カニ蒲鉾：茹でたカニの身に似せた食品で，原材料はスケトウダラなどの主に白身の魚です。「カニカマ」の名称でスーパーなどでよく見かけます。茹でたカニの赤い色やカニの筋繊維を模して作られており，風味づけにカニ煮汁を使用するなどしていますが，本物のカニが入っている訳ではないため，今日では「カニ」という言葉は商品名や商品名の一部に使われていません。日本で開発されたコピー商品ですがアメリカや

イタリアでは日本以上に受け入れられており，カリフォルニア巻きなど米国寿司では定番のネタとなっています。

人造イクラ：海藻から抽出したアルギン酸ナトリウム水溶液やカラギーナンに調味液や食用油を着色して塩化カルシウム水溶液に落として表面をゲル化してカプセル状とし，本物らしい食感を持たせた食品。一度は廉価な鮨ネタ用にも普及しましたが，その後ロシア産のイクラ価格が暴落し，現在では市場を天然輸入物に奪われてあまり見かけなくなりました。しかし，安い回転寿司などでは使われているはずです。

カニカマ

人造イクラ

人造キャビア：チョウザメの卵ではないイミテーションのキャビアのこと。ランプフィッシュキャビア（ダンゴウオ科の大型種，ランプフィッシュの卵），アブルーガキャビア（ニシンの卵）といった他種の魚卵をそれらしく見せるためイカ墨などで黒く着色しています。また，人工イクラと同様の方法でアルギン酸から製造されたものも存在します。

人造キャビア

トウモロコシ米・ジャガイモ米：朝鮮で考案・開発した食材。細かく砕いた穀物の粉を米状の大きさに整形加工した食品で，主食である米の代用品として，困窮に喘ぐ同国内で流通しているようです。

高級果実ゼリー：味だけでなく食感まで本物のメロンに近づけたホリ（北海道にある菓子メーカー）製造・販売の「夕張メロン・ピュア・ゼリー」など。

バナナ饅頭：バナナが非常に高価であった時代，バナナを一切材料に

使用せず考案・開発された菓子。バナナが安価になった現在では郷土菓子的な地位を獲得，意外性のあるお菓子として親しまれています。

無果汁のジュース・シロップなど：香料と着色料を使用し果汁の風味・外観に似せた清涼飲料水（主に炭酸飲料）は現在でも大量に生産されています。かき氷用のシロップも戦後に登場してから現在に至るまで無果汁で合成着色料を使用したものが主流です。蜂蜜やメープルシロップに風味を似せたものもあります。本物に糖類・香料などを加えて薄めたものは不当表示でしばしば問題となります。

マーガリン：もともとはバターが高価であることからバターの代替として作られた食品で以前は人造バターと呼ばれていました。植物油を使っているため，コレステロールが少なく健康に良いと好む人がいる他，ビタミンなどの栄養添加が可能です。冷蔵庫で硬くならないような加工が可能で，クリーム等の添加で風味の良いものを作れるなど，すでにバターとは別の食品として考えられるようになっています。ただし，近年トランス脂肪酸を含むことによる健康への影響が論議されています。

生クリーム代用品：乳製品に植物油脂・乳化剤などを加え，気泡を保つ特性を持たせたもので，安価である他，マーガリンと同様に低コレステロールや加工しやすさ（あらかじめ砂糖やバニラ・チョコレートなどの風味を加えた物もある），日持ちが良いなどの利点があります。大量生産の洋菓子では本物の生クリームよりも多く使われることもあり

ます。

ショ糖脂肪酸エステル（乳化剤の一種）や脱脂粉乳など：牛乳の代用，もしくは添加比率の抑制目的で使用されます。主に乳製品の原料コストを抑えるため。物資が不足していた戦時中・終戦時には，重宝されていました。

合成清酒：米が貴重だった時代に研究されました。一部技術が醸造期間が短縮できる・製造コストが安くつくなどの理由で流通した。その後，三倍増醸清酒に流用された。現在ではシェアは限られるものの，生産は続いています。

発泡酒：麦芽または麦を原料の33％以下としたビール風の発泡性を有する雑酒のこと。ほとんどの国ではビールの酒税はアルコール分が低いため安いが，日本では非常に高いため，手頃な価格のビール風飲料として工夫されました。

ホッピー：見た目がビールに酷似していたため，ビールが高額であった終戦時とその後数年の間，好まれて飲まれていました。ノンアルコール飲料ですが，酩酊を楽しみたい場合は焼酎をホッピーで割って飲みます。2000年代でも意外性や話題性から愛好者層も一時増加し，一部の居酒屋でもメニュー中にみられます。

混和酒，イミテーション酒：前者はワインやウイスキーをエタノールやカラメル・果汁などで嵩増ししたりしたもの。後者はエタノール類にカラメル・果汁や香料などを添加して作ったもの。ワインは戦国時代に宣教師などを通じて流入していたものの貿易が確立されない中では輸入ワインの総量がきわめて少なく，また国産化の目処も立たないため果汁に清酒を添加したものが広く作られていました。また，明治時代以降に

も洋酒の輸入が始まったもののはるかに高価だったことから，混和酒やイミテーション酒が広く出回っていました。

バクダン（メタノールを添加した粗悪酒）：密造酒は製造過程において粗悪な工業原料アルコールを添加する場合があり，これらは健康を害するなど重篤な被害をたびたび発生させました。近年でも発展途上国で健康被害の事例がしばしば発生しています。

代用醬油：第二次世界大戦前後，日本では物資不足のため，本来の醬油醸造に必要な原料である大豆や小麦の入手が困難となり，醬油の生産量が低下しました。さらに戦後，醬油は配給品となり，流通量が不足することとなりました。参議院において「加工水産物，蔬菜，味噌，醬油等についてもその配給量を増加し得るような方策を講じ」と，増産と流通統制が提案されているように，食糧不足の中でもさらに重要な問題として扱われていました。しかし普通の醬油は，原料の問題のみならず醸造のために大規模な設備と長期間の醸造期間を必要とし，短期間での増産はできません。そのため代用品として，醬油粕を塩水で戻し，さらに絞ったものを用いたり，魚介類やサツマイモの絞り汁，海草などを原料として用い，カラメルや，前述の醬油粕の絞り汁等で風味を調整したものを用いることがありましたが，これを代用醬油と呼びます。

この他にも，カズノコ，カラスミ，トリュフ，フォアグラ，フカヒレ等の美食の類に似せようと努力したコピー食品が作られています。

●入手難や高価以外の理由で用いられる代用食

代用食ではベジタリアニズムや宗教的理由によって古くから鶏肉や魚肉・豚肉に模した料理が世界各国に存在しています。これらは風味までも似せた物は少ないですが，場合によっては別の食材ないし料理としても認識されるため，厳密にはコピー食品とは言い難い部分を含みます。

トーファーキー：七面鳥に見立てた大豆タンパク食品。

187

畜産うんちく編

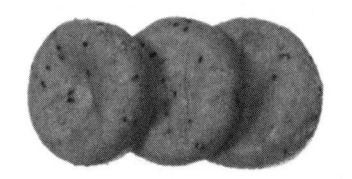

がんもどき

台湾素食の一例

がんもどき：もともとは精進料理で雁の肉に味を似せた代用品。

精進うなぎ：ウナギに似せてヤマイモのすり身から作る普茶料理。

台湾素食：台湾の精進料理。日本の精進料理以上にモドキ料理の種類が豊富。

減塩塩：健康上の理由に絡み塩化カリウムを主体とした「食塩摂取量を減らす調味料」として発売されていた。しかし塩化カリウムは腎機能障害を持つ人にとっては害となりうる物質であるために，使用には注意が必要です。近年では2007年に味の素が「やさしお」を発売しました。塩分を50%に減らしてカリウム塩とポリグルタミン酸を添加したものです。

減塩塩
（やさしお：味の素）

こんにゃく米・こんにゃくラーメン・こんにゃくパスタ・こんにゃくゼリー：低カロリーのダイエット食として市場に登場しました。食物繊

こんにゃく米
こんにゃく米が半分入っている

こんにゃくで作った麺の一例

維の有効性が認められ，今日では広い裾野を持つ市場を形成しています。こんにゃくゼリーは凍らせて食べると喉に詰まらせる危険があるので，児童や高齢者などの咀嚼力の弱い人に食べさせる場合は注意が必要です。同様なものに海藻の凝固成分（アルギン酸）などを利用した低カロリーな麺もあります。なお，こんにゃく米は，通常は白米と混ぜて炊飯します。

アナログチーズ：牛乳を原料としないチーズのコピー食品。主に植物油から作られます。本物のチーズにかなり近い食味であり，オーブンで焼くととろけやすいことから，ピザなどに適している。乳製品も忌むベジタリアン（ヴィーガン）や，牛乳アレルギー患者用に使われる他，安価なことから一般向けのチーズ代用品としても用いられています。日本でも，2007年の原料乳不足の際に一部で使用されました。年間10万トンが生産されているドイツでは，消費者には本物のチーズと見分けがつかないことから問題となっています。

豆乳チーズケーキ

大豆による乳製品の代替（大豆チーズ，大豆ヨーグルト，大豆アイスクリームなど）：植物性の大豆による乳製品の代用が増えています。

乳児用粉ミルク：母乳の代用。利便性が高いですが，母乳に劣る点も多いです。代用甘味料としても使用。

●意外性，意匠性を目的に作られた食品

多くは，冗談的な遊びや見かけを良くする目的で意匠性を与えて作られ，コストはコピーされるものよりも高くなることもしばしばある。また，パーティーやテレビ番組などで使うために作られる場合もある。意匠性だけをとると，和菓子の「若あゆ」は鮎の形を小麦粉や小豆で作

り，チョコレートのトリュフはキノコの一種を模していますが，一見して別の物と分かるため，コピー食品とは通常呼ばれません。

この他，もともとは天然食材入手難や高価を理由に作られたものですが，天然食材の供給安定化や低価格化が進んだことで，意外性・意匠性目的に転換したコピー食品も存在します。たとえば魚肉ソーセージなどです。

17. 畜産のナンバーに関するはなし

　外務省，大使館やホテルの近辺で，黒塗りで普段見かけない外ナンバープレートの車を見かけることがあります。外交団ナンバーといい，外は外交団，㊹は大公使，代は代表部，領は領事団を表します。

　外交官などの車両は日本国法の適用除外となり，外交官車両が交通違反を起こした場合も，直接は処分を受けません。また，外交特権により不逮捕特権の他，被刑事裁判権，証人となる義務等が免除されています。さらに，公館に対する課税免除のため，自動車税も免税となります。気になるのは4桁や5桁の数字の意味です。4桁では上2桁が，5桁では上3桁が国ごとに割振られた番号で，下2桁は各国の申請に応じた整理番号を意味します。因みにアメリカは82××，中国は91××，カンボジアは111××，ウクライナは127となります。

■外交特権

　外交特権 Diplomatic privileges and immunities とは，外交使節団の接受国が国内に駐在している外国公館や外交官および国際機関などに対して与える特権および免除のことです。公館の不可侵や刑事裁判権の免除などがあります。これらの特権は外交関係に関するウィーン条約に基づいています。

　外交使節団は主権国家を代表しており，主権国家間は原則として平等である以上，外交使節団は他の主権国家の支配に服さないという代表性説と，外交使節団が効率的にその業務を行うために認められたものであるという機能性説があります。

なお，外交官に対する特権は，当該外交官の個人意思では放棄できず，派遣国政府の正式な意思表示があって初めて放棄できます。

●対象者

特権を受けるためには，外交旅券を所持しているだけでは足らず，接受国による認証（アグレマン：接受）を必要します。つまり，外交旅券を所持して任国以外を私的旅行中の外交官や，本国から臨時に短期出張した外交官には，正式の外交特権はありません。非行や犯罪関与など，相応しからざる行為があった場合は，理由を示さずに国外退去を求めることもできますが，これをペルソナ・ノン・グラータといいます。

外交官に対する特権に関しては，駐在武官や外交官と生計をともにする家族も含まれますが，公館勤務の事務・技術職員や現地採用職員などは適用範囲が限定されている場合があります。また，元首や首相，外相については，外交官同様の特権・免除を与えることとされています。

日本においては，外務省から有効な「外交官等身分証明票」を交付されていればその人物は外交特権を有する外交官といえます。

●外交使節団に関する特権・免除

外交使節団に関する特権には以下のようなものがあります。

公館の不可侵権：外交使節団の長の公邸並びにその輸送手段，及びその他の外交官の私邸並びに，その輸送手段（自動車など）にも及びます。具体的には，駐車違反（日本では放置違反金の行使に対する納付義務も，事実上無視できる）による罰則も，原則として使節団の長の同意が無ければ，接受国官憲は大使館・在外公館など公館等に立ち入ることができません。しかし，学説上の争いがあり，接受国による保護義務もあります。

公館に対する非課税：土地，建物についての税金は一切が免除されます。

通信の不可侵：機密書類，書簡など通信文書は「外交行嚢」に入れてクーリエに運ばせるが，現代では通常の業務文書は民間輸送会社に委託している場合も多いようです。なお無線送信機の設置や使用には，接受

国の同意を必要とします。

使節団の公館・使節団長の公邸並びにその輸送手段の国旗掲揚権：大使，公使，領事の公用車が必要に応じて小型の国旗をバンパーポールに掲げることも，これが根拠となっています。

●外交官に関する特権

外交官に関する特権として，外交官の身体の不可侵（抑留・拘禁の禁止），刑事裁判権の免除，民事裁判権・行政裁判権の免除（一部訴訟を除く）があります。さらに，住居の不可侵権，接受国における関税を含む公租・公課および社会保障負担の免除，被刑事裁判権，証人となる義務等の免除，接受国による保護義務なども認められています。

●日本における扱い

日本における在外外交官について，外交官等身分証明票と免税カードを発行しているのは，外務省（大臣官房儀典長）です。

日本では，外交特権として課税免除を認めており，免税特権を有する証明書として外交官に対して免税カード（DSカード）を発行しています。租税特別措置法第86条に，外国公館等に対する課税資産の譲渡等に係る免税という条文があり，その適用範囲は広く，固定資産税や所得税以外にも消費税やガソリン税など間接税も免除されています。

ただし，免税が適用されるのは外務省から在日外国公館免税店の指定を受けている業者から免税カードを提示して購入した場合のみであり，一般のコンビニエンスストアなどでは免税されません。外交官等身分証明票と免税カードは別物であり，外交官だからといって全員が必ず持っている訳ではなく，免税カードには免税の適用範囲が明記されていて，在日外国公館免税店であれば，すべてが無条件に免税になるというわけでもありません。

昔は外交官等身分証明票に有効期限はありませんでしたが，外交官が未返却のまま帰国してしまい，返納されない外交官等身分証明票が市中に大量に出回っていることから，有効期限が記載されるようになりました。また，無効になった外交官等身分証明票の身分証明票番号は，官報

で公示されるようになりました。

■豚と牛の個体識別

そこで考えました。畜産領域でもナンバーで区別する仕組があるので，整理してみましょう。豚や牛の個体識別には旧来から耳標が装着されていたり，豚では耳刻が用いられていました。耳標も耳刻も，生後，間もなく施されます。このうち耳標とは，世界大百科事典（平凡社）によれば，「家畜の個体識別を容易に行うために耳に装着する標識。アルミニウムでできた環に番号が刻印してあって，これを耳たぶの中央に穴をあけてはめこむタイプのものと，着色された合成樹脂製のものを耳たぶの外縁部に穴をあけて装着するタイプのものとある。豚，緬羊，山羊などの中家畜で多く使われ，牛でも育成牛などにつけることがある」。

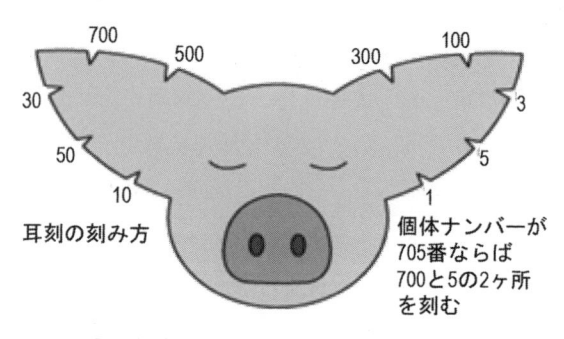

耳刻の刻み方　　　個体ナンバーが705番ならば700と5の2ヶ所を刻む

豚の個体識別（日本種豚登録協会による）

豚の耳刻は耳朶（じだ）に個体番号の切込をハサミで入れます。耳刻は豚が成長しても成長につれて切込も大きくなるので，番号は十分に読取り・判読が可能です。牛も豚も，これらの耳標や耳刻によって，個体識別が可能となり，台帳を見れば，個体の生年月日，両親の情報などが一見でわかるようになります。

■牛のトレーサビリティ制度

しかし，単なる個体識別では済まない重大事件がわが国で2001年発

生しました。つまり，輸入肉骨粉が原因と考えられる牛海綿状脳症（以下，BSE）の発生が千葉県であり，2013年3月末日までは，21ヶ月齢以上の牛の全個体について延髄の閂（かんぬき）部の試料をELISA法で検査していました。しかし，2013年4月以降は30ヶ月齢以上の牛だけが対象となりました。なお，国内では2009年に北海道での36例目の最後以降の発生がなく，2013年5月28日，国際獣疫事務局（OIE）総会において，日本は「無視できるBSEリスク」の国に認定されました。

BSEの発生を受け，「牛の個体識別のための情報の管理及び伝達に関する特別措置法（通称・牛肉トレーサビリティ法）」に基づいて，まん延防止措置の的確な実施や個体識別情報の提供の促進などを目的として，この制度が運用されるようになりました。

具体的には，国産牛肉については，牛の出生からと畜場（食肉処理場）で処理されて，牛肉に加工され，小売店頭に並ぶ一連の履歴を10桁の個体識別番号で管理し，

耳標のイメージ

取引のデータを記録することになりました。この制度の運用管理は家畜改良センターが一元的に実施しています。

■トレーサビリティ

トレーサビリティtraceabilityとは物品の流通経路を生産段階から最終消費段階あるいは廃棄段階まで追跡が可能な状態をいいます。なお，日本語では追跡可能性とも表現されます。

20世紀末頃より，遺伝子組み換え作物の登場や，有機農産物の人気の高まり，食品アレルギーやBSE問題，偽装表示，産地偽装問題などの発生に伴って，食品の安全性，消費者の選択権に対する関心が高まっており，とくに食品分野でのトレーサビリティが注目されるようになってきました。

日本ではBSE問題から牛肉に，事故米穀問題から米・米加工品にトレーサビリティが義務化されました。しかし，事故麦問題が起きている麦に対してはまだ義務化されていません。日本では消費者や量販店のメリットが注目を集めていますが，EUでは食の安全を築くために必要なシステムとして，販売業者だけではなく生産者や輸送業者など，流通全体を含めた社会的システムとして考えられていて，現在では流通の基本となっています。

●システム

トレーサビリティとは，対象とする物品（その部品や原材料を含む）の流通履歴を確認できることです。

トレーサビリティには，トレースバックと，トレースフォワードがあります。前者は物品の流通履歴の時系列にさかのぼって記録をたどる方向で，後者は時間経過に沿っていく方向です。対象とする物品に対して関心を示した人間（消費者）が，その物品の履歴をさかのぼって，物品の生産履歴を見ることはトレーサビリティ（トレースバック）によってもたらされます。また，対象とする物品に問題が発見された時，その物品が販売された特定顧客に対してピンポイントで商品の回収を行うことは，トレーサビリティ（トレースフォワード）によってもたらされます。

トレーサビリティは，対象となる物品を，観測しうる物理量によって定量的に記述された記録によって構築されます。物理量とは，時刻，重量，名称，物品に添付された記号（バーコードなど）等々によって記述されています。

物理量の計測結果が一定でなかったり，添付された記号などが故意・過失によって紛失等することは，物流におけるトレーサビリティの避けて通れない点といえます。したがって，トレーサビリティを構築する人間のモラルが，トレーサビリティの信頼の根源とされます。

●観察可能な情報

日本語で単にトレーサビリティという場合には，一般に工業製品や食料品など，市場を流通する様々な商品に関連して，これら物品がやり取

りされ，最終的に販売されるところまでなどを指す傾向が強ようです。この場合では，農業や漁業といった食品産業における第一次産業や製造業など第二次産業から商業活動など第三次産業までにおけるトレーサビリティに限定されています。また，物理量の記述の蓄積がトレーサビリティの構築の必要要件であるため，無形財を対象としたトレーサビリティは不可能とされます。

たとえば食品として流通する大根を考えた場合，この大根に関する観測可能な現象は，時間的な範囲では種子の選定から大根の成長，収穫と出荷，消費もしくは廃棄されるまでですが，対象範囲の空間は畑から消費した個人やゴミ箱（さらには公的焼却炉など）までとなります。また，厳密には，種苗企業やそれ以前の採種段階などの種の流通経路も含まれるようになります。この情報に誰が関心を持つかによっても違ってきますが，情報を提供する手段や経路の選択も必要で，たとえば農業協同組合などが統括している場合においては，生産者側であれば，問い合わせにデータシートの形で提供することも可能でしょうし，流通業者であればオンラインシステムで接続してデータベースの形で利用し，末端の消費者であればインターネット上のウェブサイトなどより情報提供を行うことが想定できます。

●リサイクル家電

リサイクルの進展に伴い，家電製品や自動車などのリサイクル資源の処理についてもトレーサビリティが求められており，日本では消費者がリサイクル費用を負担する家電製品（現時点ではテレビ，冷蔵庫，洗濯機，エアコン）では，処理について確認することが可能となっています。

●宅配便

宅配便等のサービスでは，発送元から到着先までが一対一なので，その追跡性がきわめて高いとされます。すべての貨物情報がオンライン処理されている現代にあっては，発送側や到着先が，荷物の受付伝票に記載された番号によって，今どこの集荷場を通過しているかを，インター

ネットの運送業者のウェブサイト上において，リアルタイムで確認することが可能となっています。とくにこれらは通信販売業者等が，商品発送の際に，顧客に伝票番号を通知・顧客側で荷物の到着過程を確認できるといった利用法にも用いられ，宅配便を使った円滑な商取引に活用されています。

● ICタグ

日本では，完全なトレーサビリティ実現の手段として，ICタグが経済産業省を中心とした官民合同で研究開発段階にあります。また食品（とくに牛肉・鶏卵等）は，農林水産省がトレーサビリティ普及に向けた活動を行っています。実際の普及までのハードルには，主にコスト面での課題に因るところが大きいですが，ICタグを利用したトレーサビリティに関しては，社会的に浸透すれば1つ数円台にまで価格は低下すると見られています。

● ロット管理との関係

日本では，様々な下請工場を経て生産される工業製品の多くは，古くは管理番号と台帳・近年ではバーコードを印刷したシールを通箱に添付して要所要所でチェックすることで，ロット毎の品質管理を行う様式が発達しています。これらは，様々な粗製品や半製品（仕掛品）の品質不良が判明した場合，いち早く該当する部品を使用した製品の所在を明らかにすることが可能で，日本製品の品質向上に大きく貢献しており，世界的にも同様の製造手法が導入されています。

しかし，様々な部品が集約されて1つの製品となる工業製品とは逆に，末端に行くほど細分化されて流通する食料品の場合は，パック詰め状態にまで追跡すると，人的にも設備的にも膨大なコストを発生させることから，なかなか進まない問題がありました。一方では，年々高まる消費者の食物に対する関心により，生産者側から一方的に供給されるスタイルから，消費者が生産者によって購入するかどうかを選ぶスタイルも生まれて来ました。とくに海外からの輸入食料では，ポストハーベスト農薬等による，食の安全性という問題もあり，食品の流通にまで消費

者が関心を寄せる傾向は1980年代より急速に高まっており,さらに各種食品問題によってトレーサビリティの重要度は,多方面で認識され始めています。

■と場番号と検印

最近はめったに見かけなくなりましたが,肉屋さんに搬入している骨付き肉の大きな塊を見たことはありませんか。また,大きなスタンプが肉塊のあちらこちらに押されていたのが印象的でした。この大きな肉塊は枝肉と呼ばれるもので,スタンプは食肉の衛生検査に合格した場合のみに押される検印です。

よく見ると,地名や数字らしきものがスタンプされています。また,スタンプの形が微妙に違って見えます。さらに,「食べ物にスタンプを押して大丈夫かな?」と子供心に思ったことがありました。

余談ですが,最近では骨付きパーツ肉,骨抜きパーツ肉の流通が主なので枝肉を見る機会は激減しています。

日本国内のと畜場は全国150ヶ所に点在しています。この設置には都道府県知事(保健所を設置する市にあっては,市長。以下同じ。)の許可を受けなければなりません(と畜場法第4条)。また,その設置場所も(1)人家が密集している場所,(2)公衆の用に供する飲料水が汚染されるおそれがある場所,(3)その他都道府県知事が公衆衛生上危害を生ずるおそれがあると認める場所では認可されない可能性が大きいでしょう(と畜場法第5条)。つまり,住宅街,貯水池や浄水場,学校・病院などの近くでは新規の開設はできません。最近になって新設されるような施設は港湾の埋立地や河川敷,山奥などのようにゴミの焼却施設や火葬場と同じように迷惑施設としての位置づけがされているようです。

この検印には検の文字,都道府県名(または政令市名),数字が必須で,印の形は長楕円形,円形,四角

検印の一例:左から牛,豚,馬,めん羊・山羊

形，六角形となっていますが，各家畜の体型のイメージから形が決まったようです。また，検印の大きさも，と畜場法施行規則（以下，規則）で細かに決められています。

数字は，と場ごとに都道府県知事か政令市長が決めます。東京都1は東京都にある1番目のと場を意味します。東京都には現在，芝浦にしかと場（通称・芝浦と場：正式名称・東京都中央卸売市場食肉市場）はありませんので，芝浦で検査を受けたと体となります。北海道69ならば，日本フードパッカー（株）道東工場と畜場でと畜され，東藻琴食肉衛生検査所の検査を受けて合格したことがわかります。

なお，海外でも，ほぼ同じようなシステムで行われている場合がほとんどのようです。

検印の一例：左から米国・オクラホマ州，香港，広島市（牛）

●検印を押す部位とインク

検査に合格すると，規則の定めにより，各家畜に共通して，肉，内臓，皮などにスタンプが押されますが，内臓は内臓ごとに，肉は大割肉片（肩ロース，バラ，もも等）ごとに検印を押します。ただし，食用に供しないことが明確な部位には押しません。

このスタンプに使われるインクは，調整方法が定められていて，食用赤色106号，青色1号，エタノールが主体の安全なものが使用されています。通常は，部分肉に整形する際に，これらのインクが押されたところは取り除かれますが，残っていても安全性に問題はありません。

なお，検印は食肉の安全性を担保する重い認証なので，使用後はカギのかかる保管庫に収められています。

■食の安全

食の安全とは，食品の安全性，あるいは食事文化や食べ物の食し方も含めた安全性の意味で用いられる言葉です。食の安全性，食の安全問

題，食の安全確保といった表現，あるいは食の安全と安心，食品の安全・安心といった表現も用いられています。

ヒトは健康に生きるために，呼吸し，食べて，生活を営みます。食をめぐる問題は，生存にとって最も基本的な問題であり，「食は命である」とも表現されます。安全でない食料が流通する社会は人間存在を根底から危うくします。1年365日，毎日摂る食事に，安全なものを望むのは当然です。ところが，食の安全に関係する大事件は，過去から現在まで洋の東西を問わず頻繁に発生しており，後を絶ちません。

食の安全を考える上で欠かすことができないのは，食品公害を振り返り，その被害と犠牲に思いを馳せ学ぶことであるともされています。

食の安全に関しては，生産・流通・消費のどの1つがつまずいても深刻な事態となりうるものであり，生産者，流通業者，生活者のすべてを巻き込んだ問題となっています。

現代では食生活の環境や文化が，かつての様式から変化し，生鮮野菜・肉・魚を買ってきて調理するだけでなく，加工食品が一般家庭に普及し，また惣菜や調理済みの食材も利用されており，食品が人の口に入る経路・経緯が多様化しているので，食品の安全性を確保することは以前に比べると複雑で難しい問題となってきています。

食の安全の確保のために必要な仕組・取り組み方としては，事故後の後処理を行うだけではなく，有毒物質の評価・管理等といった，食の安全に影響を与える要因について「事前にリスク管理を行うことが重要」だということが，国際的な共通認識となっています。

●**食品による危害と健康被害事故**

食品に危険なものが入っていれば健康に重大な危害が発生します。我々は毎日食べる食事に関心を持ち，十分に注意をはらわなければなりません。

食品によって起こる危害を以下のように区分することが可能です。

1. 急性的危害：薬物や化学物質による急性食中毒等の健康被害
2. 短期的危害：微生物や細菌が増えることによる食中毒等の健康被害

3. 中期的危害：生活習慣病等の栄養素の偏りによる健康被害
4. 長期的危害：環境ホルモン等の影響による健康被害

● **食品事故・食中毒**

食品は口から入り，食道・胃・十二指腸を通り小腸・大腸で消化吸収されるので，毒物や微生物など危険なものが入っていると，人体にその影響は直接に出てきます。急性のものであれば，一部は，口に入れた時に即時吐き出したり，嘔吐や下痢となって排出されることもあります。細菌性の食中毒では潜伏期間があり，数時間から数日後に発症します。しかし，慢性のものでは徐々に身体に影響が出てくることもあります。また，食品事故で命を落とすこともあります。

食品事故のタイプとしては以下のような分類が挙げられます。

1. 公害に含まれる化学物質による食中毒事故（日本では水俣病や第二水俣病などがこれに該当）
2. 食品メーカーの製造工程上で混入した化学物質による食中毒事故（中国製冷凍食品による農薬中毒事件など。日本の食品メーカーの事故では森永ヒ素ミルク事件やカネミ油症事件がこれに該当）
3. 最近の細菌性食中毒菌による食中毒事故（日本では1996年に岡山や堺で起きたO157事件や雪印乳業の集団食中毒事件が該当）
4. 故意などの犯罪的要素の食中毒事故（和歌山毒物カレー事件やアグリフーズ農薬混入事件などが該当）

食中毒の原因・要因は以下の3種類に分けられることがあります。

1. 細菌やウィルスなどの，いわゆるばい菌（微生物）によるもの
2. 化学物質によるもの（薬品など）
3. 自然の毒によるもの（毒きのこやフグ毒など）

● **食環境**

健康的で安全な食生活を送るためには，健全な食をめぐる環境（食環境）が欠かせません。食の安全にかかわる環境は自然環境だけではありません。作物や家畜や魚が栽培・採取・飼育・捕獲され，加工・運搬・調理されて，食卓に上がるまでのプロセスが食環境と定義されるべきで

食の安全を左右する食環境（出典：『食環境科学入門』より）

食環境の要因	内容
自然環境	土壌，水，大気，環境汚染物質，微生物
食料供給システム	栽培，飼育，製造・加工，流通，供給
政策，行政，法体系	法律，規格・基準，監視，検査，リスク評価
情報	リスクコミュニケーション，情報公開，表示，食教育
食文化，食のライフスタイル	食べ物の選択，食べ方
国際関係	輸出・輸入，WTO協定，多国籍企業
倫理	環境，企業，生命倫理

す。また，行政組織や規格や国際関係なども食環境とされています。

●**食に関する情報**

情報も食の安全を実現するために欠かせない要因です。消費者が食材を手にしつつ直接確認できる唯一の情報は食品の表示（食品表示）です。また，食教育がなければ，消費者の食の安全に対する関心が薄れ，適切な情報も耳に入りません。

●**食品業者の倫理・モラル**

食環境の重要な要因に倫理があります。たとえば，食品企業が食品を製造するにあたって法令を遵守しようとしているのか，社会的使命をどう考えているのか，これらは食の安全と直結する大切なことがらです。

●**技術の悪影響**

科学技術の発展も食環境に変化・影響をもたらしています。より安価な食料供給を可能にしている一方で，遺伝子組み換え食品などの新奇な食品を作り出したり，重金属，PCB，ダイオキシン，環境ホルモンなどの環境汚染を作り出し，食品汚染をもたらしています。

●**食生活の質**

食生活のライフスタイルの変化も食の安全に影響を与えています。ヒトに必要なエネルギーは食品中のタンパク質（Protein），脂肪（Fat），炭水化物（Carbohydrate）の3大栄養素によって供給されています。3大栄養素の頭文字であるP，F，Cをとり，各エネルギーの比をPFCエネルギー比といいます。この適正比率はP：12～13％，F：20～30％，C：57～68％といわれていますが，日本人の食生活は現在のところ，ほ

ぼこの適正比率の範囲に入っており，世界一長寿の理由と考えられています。ただし，日本でも最近欧米型の食生活に近づいており，肉食が増えていることは問題だとの指摘があります。

欧米では肉食中心で，脂肪（Fat）比率が非常に高く，PFCエネルギーバランスが悪く，肥満や心臓病が多いのが現状です。また，動脈硬化の増加につながっているとも考えられています。塩分や肉の摂り過ぎが原因とされる生活習慣病の中で最も恐ろしいのはガンです。

ある疫学調査によると，食事の影響35％，タバコの影響30％，職業の影響4％，飲酒の影響3％などとなっており，食事による影響が一番大きいことが指摘されます。かつて，日本人に胃ガンが多かったのは塩分の摂り過ぎによるものとされています。近年になって日本人に大腸ガンや乳ガンが増えてきた原因の1つには，食生活の欧米化による動物性脂肪の摂取の増加と食物繊維の摂取不足が指摘されています。大腸での便の停滞時間が長くなって発ガン物質が大腸粘膜と長時間接するため大腸ガンの発生が多くなったと考えられています。

■バーコードとは

大型のスーパーにはセルフレジというコーナーを見かけるようになりました。客は商品についているバーコードを機械で読み取らせ，会計もカードで行います。ここで会計をするとポイントが増えたり，割引があったりとしますが，子供や老人には機械に読み取らせる点で難しいかも知れません。実際，「お子様にはセルフレジの使用をお断りします」などの表示を見かけることがあります。セルフレジの使用で若干の制約があっても，それ以外は圧倒的に便利なバーコードが，ほとんどの商品についています。今回はこのバーコードに注目してみました。

バーコードbarcodeとは太さの異なる多数の黒い線（バー）の組み合わせによって数字や文字などのコードを表示したもので，商品やその包装紙などに印刷または貼付されたもので，バーコードリーダーと呼ばれる読取機で，商品の情報を収集します。この一連のシステムをポス

POS（point of sales system）と呼んでいます。

このPOSのお陰で，値札→読取装置とキャッシュレジスター兼用のPOSターミナル→店舗内ミニコンピューター→オンラインで繋がれた本部のホストコンピューターという一連の流れによってデータの集計が可能となります。つまり，売れ筋や在庫管理が一瞬で可能となるので，商品の仕入れ計画が容易となり，売上の集計や棚卸も不要となります。

左：読取り装置　右：バーコードの一例

バーコードの種類ですが，実はかなり複雑で大別しただけで6種類もあります。

JAN：数字（0～9）で桁数は13か8桁に固定。

CODE39：0～9の数字，A～Zのアルファベット，$，+，％，＊などの記号で桁数は可変。

CODE128：0～9の数字，記号，アルファベットなど128文字で桁数は可変。他にNW-7，ITF，QRがあります。

バーコードの歴史ですが，1949年に米国の大学院生だったN. Joseph WoodlandとBernard Silverが発明し，1952年に特許を取得し，1967年に食品スーパーがレジでの混雑緩和対策に導入したことに端を発しています。

QRコード

●バーコードの意味

バーコードの目的はわかりますが，これにはどのような意味が含まれるのでしょうか。

日本で使われているJANコードを例として示します。このJANコードは，一般的に生活用品全般に使用され，最もなじみのあるものです。このコードには標準タイプの13桁と短縮タイプの8桁の2種類があります。標準タイプでは最初の9桁が

①国番号＋メーカー番号
②商品番号
③チェックデジット

205

JANメーカーコードと呼ばれるもので，ここで45は国番号を示します。日本はこの45と49が国番号として割りあてられています。ちなみに中国は690〜692，ブラジルは789です。3桁目の6以降はメーカー名となります（国コードの関係で4桁目の場合もある）。3〜7桁は会社番号，8〜9桁は工場番号，10〜12桁は商品番号を示します。なお，チェックデジットとは番号の入力ミスをチェックするための数字だそうです。

バーコードのデータは公開されていませんが，調べればある程度のことはわかります。会社番号については01231は伊藤ハム，02115は日本ハム，02586はプリマハムとなっています。

■HSコードとは

海外旅行から帰国した時に税関申告書（正式には携帯品・別送品申告書と記載：黄色のカード）という書類をターンテーブルの荷物をピックアップしてから提出が義務づけられています。「何か申告するものはありますか？」のあれです。酒類3本，紙巻たばこ（外国製および日本製各200本），香水2オンス，雑貨20万円以下は免税です。

通常，このような時しか関税などという言葉も聞きませんし，使いません。しかし，海外から輸入する物品，海外へ輸出す

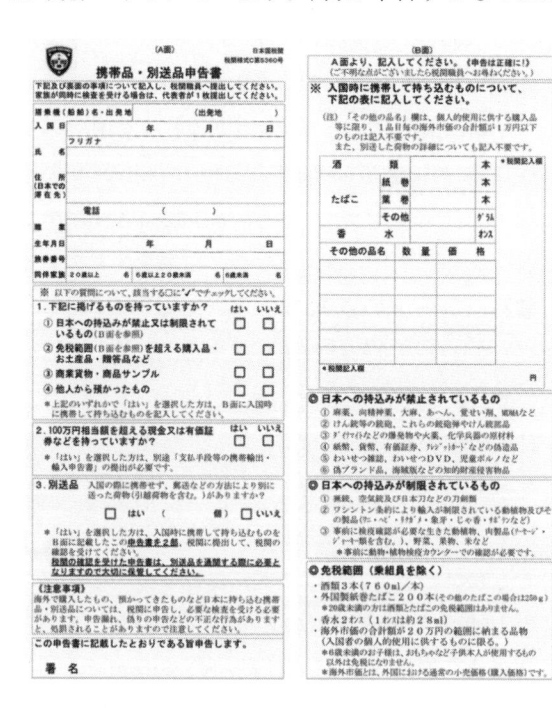

る物品の多くには税金がかけられていますが，これを関税といいます。一般的に関税率は世界貿易機関 WTO の多国間協議 GATT（関税および貿易に関する一般協定）で決められています。

あらゆる物品に固有分類番号をつけ，貿易を行う上で，各国が共通で理解できるように決めた番号を HS コードといいます。あまり聞きなれない言葉ですが，ここでは，これについて説明しましょう。

最新の HS コードは 2012 年度に更新された HS2012 と呼ばれるもので，世界税関機構 WCO が管理し，5 年毎に見直しがされています。HS コードは Harmonized Commodity Description and Coding System の頭文字を取った呼称で，日本国内では「統計品目番号」とも呼ばれます。このコードは協定を結んでいる国同士の貿易で，関税減免のための原産地証明に使います。

昨今，輸出や輸入対象となる商品は星の数ほどあり，その製品が一体何であるのかを分類するのは容易ではありません。とくに工業製品は，その製品名だけでは何の物品かまったく推測もできないものも少なくありません。その製品がどの分類のものかわからずに関税を決めることもままならず，貿易上支障をきたすことになるので，HS コードによって分類を共通認識できるように，主要貿易国を始め 138 の国と地域で採用されている共通のコード番号として採用されるようになりました。現時点では HS コードは 200 以上の国や地域で使われ，関税率決定のベースや品物の国籍を示す重要な番号として日々使われています。

● HS コードの仕組

HS コードは 6 桁の数字で成り立っており，数字の構成は，最初の上 2 桁の「類」，上 4 桁の「項」，上 6 桁の「号」でできています。国際上は 6 桁ですが，それ以上の細分も可能になっており，日本では 9 桁まで記載できますが，6 桁だけでも問題ありません。

たとえば「豚もも肉のハム」に付与される 160241 を例にとって説明します。上 2 桁の 16 は類を示しますが，「第 16 類は肉，魚又は甲殻類，軟体動物若しくはその他の水棲無脊椎動物の調製品」とされ，このカテ

ゴリーは肉や魚が，保存用や調理などを行ったものが該当します。たとえば，ソーセージやハム，ベーコンなどに加工された肉，水煮や乾燥処理が施されたものやコーンビーフなどの加工品です。魚でいえば，鮭缶や鯖缶などに加工されたものやキャビアもここに分類されます。つまり，食肉用の他，海産物全般が対象となります。02は「その他の調製をし，保存に適する処理をした肉，くず肉，血」のカテゴリーを意味します。さらに，41は「もも肉及びこれを分割したもの」となります。なお，42であれば「肩肉及びこれを分割したもの」，49であれば「その他のもの（混合物を含む）」を意味しています。また，41，42および49は豚肉を意味します。

● EMS にも HS コードがついている

日常生活には関係ないコードと思っていたら，何と国際スピード郵便（EMS）の依頼書にも HS コードの記載欄がありました。これは主に商業用の記載とあるので，少量の取引や輸出入に関係することが該当するものと思われます。

■マイナンバー制度の導入

国民個々に重複しない番号を付与し，それぞれの個人情報をこれに帰属させることで国民全体の個人情報管理の効率化を図ろうとするもの。氏名，登録出生地，住所，性別，生年月日を中心的な情報とし，その他の管理対象となる個人情報としては，社会保障制度納付，納税，各種免許，犯罪前科，金融口座，親族関係等が挙げられます。多くの情報を本制度によって管理すればそれだけ行政遂行コストが下がり，国民にとっても自己の情報を確認や訂正がしやすいメリットがあるとされています。

一方，国民の基本的人権が制限されたり，行政機関による違法な監視，官僚の窃用や，不法に情報を入手した者による情報流出の可能性があること，公平の名のもとに国民の資産を把握し膨れ上がった政府債務の解消のために預金封鎖を容易にすることを懸念する意見があります。

このタイプとしては，以下のものがあります。①社会保険制度給付と保険料納付の状況を管理するために番号を付与するタイプ　②住民登録に基づいてすべての国民に番号を付与するタイプ　③納税管理を目的に税務当局がこれを利用するタイプ

●日本での動向

日本では，現在，基礎年金番号，健康保険被保険者番号，パスポートの番号，納税者番号，運転免許証番号，住民票コード，雇用保険被保険者番号など各行政機関が個別に番号をつけているため，国民の個人情報管理に関して縦割り行政で重複投資になっています。

かつて，佐藤内閣が1968年に「各省庁統一個人コード連絡研究会議」を設置し，国民総背番号制の導入を目指しましたが頓挫した経緯があります。

2011年は社会保障・税一体改革の実現のため，共通番号制度の導入に向けた検討が進みました。政府・与党民主党（菅第2次改造内閣）は6月30日に「社会保障・税番号大綱」を決定して翌年には関連法案も提出されましたが，衆議院の解散に伴い同法案も廃案，政権交代後の2013年3月に与党となった自由民主党（第2次安倍内閣）により民主党案ベースで再度提出されました。当初の予定より1年遅れましたが，今後の方針として2015年中に国民への番号割り当てを行い，2016年1月には利用を開始する構えで，事前にICカードも配布する見込みとなっています。なお，国民に付与する個人番号の名称は「マイナンバー」に決定しました。また，この番号とは別に各機関のコンピューター上にあるコンピューターで処理する番号を紐づけて，様々な機関で連携していくことが想定されます。

2012年6月，政府は省庁の枠を超えた情報システム戦略を担い，共通番号制度に関連したシステムの調達・管理なども担当する最高情報責任者（CIO）を民間人から起用する方針であると発表しました。システム整備の初期費用は2,000億円～4,000億円，年毎の管理・運用費には数百億円が見込まれるとのことです。

畜産うんちく編

　2013年5月，行政手続における特定の個人を識別するための番号の利用等に関する法律（いわゆるマイナンバー法）が国会で成立しました。総務省のHPによれば，
① 2016年(平成28年)1月から，個人番号カードの交付が開始。
② 個人番号カードは，本人の申請により交付を受けられる。
③ 個人番号を証明する書類や本人確認の際の公的な身分証明書として利用可能。
④ ICチップ装着により，様々な行政サービスを受けることが可能。
⑤ 交付手数料は，当面の間無料（本人の責による再発行の場合を除く）。
⑥ 表面には，氏名，住所，生年月日，性別，顔写真，電子証明書の有効期限の記載欄，セキュリティコード，サインパネル領域（カードの情報に修正が生じた場合，その新しい情報を記載（転居の対応）），臓器提供意思表示欄

が記載され，個人番号は裏面に記載されます。個人番号カードは，金融機関等本人確認の必要な窓口で身分証明書として利用できますが，個人番号をコピー・保管できる事業者は，行政機関や雇用主等，法令に規定された者に限定されているため，規定されていない事業者の窓口において，個人番号が記載されているカードの裏面をコピー・保管することはできません。

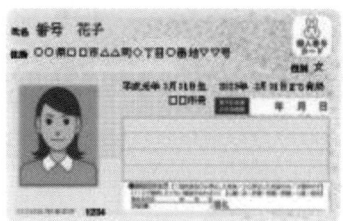

　　　表　面(案)　　　　　　　　　裏　面(案)
○個人番号を記載しない　　　○個人番号を記載しない
⇒コピーできる者に制限はない　⇒コピーできる者に制限がある
　（本人同意等で可能）　　　（行政機関や雇用主など，法令
　　　　　　　　　　　　　　　に規定された者に限定）

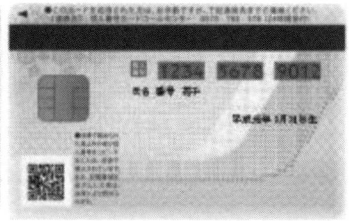

18. 食品に表示するマークに関するはなし

　食品の容器や包装には，その食品の品質や特徴，認定・承認・許可状況などの手がかりとなるマークが表示されていることがあります。マークにはそれぞれの意味が込められていますので，正しい理解で，より安心した食品購入が可能となります。ここでは色々なマークについて触れてみましょう。

■マークとは

　マークについてウィキペディアには以下のような記述がありました。「マークとは，人間により作られた，記号・符号・しるし・標章・図案等のこと。文字そのものはマークとは言わないが，図案化・装飾化した場合にはマークと呼ばれることがある。通常は，小さなスペースに記載できるような，外見的な情報量の少ないものである。マークは，ある意味や概念を示すために用いられる。逆に，意味や概念を示していない場合には，それは，模様でしかない。同じマークが，使われる場面により異なる意味となることもあり，固定した意味を持たず，使われるそのときどきに，個別に意味が付与されるようなタイプのマークもある。図案化が進むと，絵と区別がつかなくなるような場合もある。マークは，商標登録が可能である。」

　各省庁，各団体，各社，各学校，各プロジェクトで，その内容をなるべく明確に表現するために，色々なマークを作成しています。

　ここでは，我々の分野に関係の深そうなマークに注目して，解説をしたいと思います。

■ JAS マークとは

　JAS 法（農林物資の規格化等に関する法律）に基づき，農林水産大臣

が種類（品目）を指定して定めた，品位・成分・性能等のJAS規格（日本農林規格）に適合していると判定された製品（飲食料品や林産物）に表示されます。

ただし，酒類，「医薬品・医療機器等の品質，有効性及び安全性の確保等に関する法律（薬機法，改正前は薬事法）」に規定する医薬品，医薬部外品，化粧品はJAS法の対象外となっています。

なお，この法律は次の2つの柱から成り立っています。①日本農林規格（JAS規格）による格付検査に合格した製品にJASマークの貼付を認め，製品の規格化，流通の促進等を図る（JAS規格制度），②商品に品質表示基準に従った表示をすることを製造業者等に義務づける（品質表示制度）。

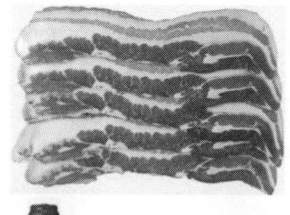

平成25年3月現在，66品目について214規格が定められています。さらに，JAS指定品目のうち，ベーコン，しょうゆ，ジャム類，トマトケチャップ等については，品目によって，「特級」，「上級」，「標準」などの等級の表示も可能です。

なお，このJASとはJapanese Agricultural Standardを意味します。

● JASマークの基準

さて，この法律でいう基準とはベーコン，ハム，プレスハム，ソーセージの製造業者の認定技術基準を例にとれば，①製造，加工，保管，品質管理および格付のための施設として，作業場・漬込室・品質管理施設・格付施設について，給排水，照明，そ族・昆虫対策，検査機器などの規定，②品質管理の実施方法，品質管理担当者の能力，③格付組織および実施方法，格付担当者の能力 などについて詳細な基準（取り決め）がなされています。

● JASマークの認定

製品にJASマークをつけることができる事業者は，登録認定機関（農林水産大臣の登録を受けた機関）から，製造施設，品質管理，製品検査，生産工程管理などの体制が十分であると認定された事業者（認定事業者）です。

農林水産省

このうち，ベーコン，ハム，プレスハム，ソーセージなどについては一般社団法人・食肉科学技術研究所が登録認定機関となっています。なお，食肉科学技術研究所は，（社）日本食肉加工協会の検査・研究部門が分離独立し，2004年に設立されたものです。

登録認定機関の登録にあたっては，所在地（国内・国外），法人形態（株式会社，NPO法人，公益法人，地方公共団体等）等にかかわらず，登録基準（JAS法第17条の2に規定）を満たせば，農林水産大臣は登録を行うこととなります。

認定事業者は，製造施設の維持管理や品質管理，生産工程管理の実施状況などが引き続き十分であるかについて，登録認定機関の定期的な監査（5年ごと）を受けながら，JAS規格を満たしていることを確認し，製品にJASマークを貼付することができます。

● JAS規格に対する違反への対応

格付を受けていない生産物や製品にJASマークやこれと紛らわしい表示をして販売した者に対しては，1年以下の懲役又は100万円以下の罰金が課されます。認定事業者による格付またはJASマークの表示が不適当は場合，農水大臣はマークの除去・抹消を命じることが可能です。

■健康食品などにつくマーク

一般に食品とはヒトが食べるために用意された品物を，これに対してヒト以外の動物が食べるためのものを飼料（エサ）と呼びます。ヒトは生きるために毎日，食品を介して栄養素を摂取しています。医療を目的

としたものは薬とされ，食品と区別されますが，薬とは定義されない「健康食品」と呼ばれるものもあります。この「健康食品」という名称は法令上の定義ではなく，健康の保持増進に役する食品として販売・利用されるものを総称しています。ここでは，このあたりを整理してみましょう。

●健康食品とは

いわゆる「健康食品」のうち，国が「健康の保持増進効果」を確認したものが「保健機能食品」で，「特定保健用食品」と「栄養機能食品」に大別されます。

類似する名称として，「健康食品」，「健康補助食品」，「栄養補助食品」，「栄養強化食品」，「栄養調整食品」，「健康飲料」，「サプリメント」などの商品が流通していますが，国の制度とは関係ありません。

厚生労働省

●特定保健用食品とは

「特定保健用食品」は，食品機能を有する食品の成分全般を広く関与成分の対象として，ある一定の科学的根拠を有することが認められたものについて，消費者庁長官の許可を得て特定の保健の用途に適する旨を表示した食品です。なお，平成21年8月末日までは厚生労働大臣の所管でした。現在，「個別許可型」，「規格基準型」，「条件付き特定保健用食品」があります。これらの有効性および安全性について，基本的に消費者庁および食品安全委員会の審査を経ることとされています。

個別許可型：消費者庁および食品安全委員会の審査を経て，個別に許可された食品。

規格基準型：特定保健用食品としての許可実績が十分であるなど科学的根拠が蓄積されており，規格基準が定められ，審議会の個別審査を行わず消費者庁の事務局において規格基準の適否が審査された食品。

条件付き特定保健用食品：特定保健用食品の審査で求めている有効性の科学的根拠のレベルには届かないものの，一定の有効性が確認され，限定的な科学的根拠である旨の表示をすることを条件として許可された食品。

● 栄養機能食品とは

「栄養機能食品」とは，高齢化やライフスタイルの変化等により，通常の食生活を行うことが難しく一日に必要な栄養成分を摂れない場合に，その補給・補完のために利用する食品です。

一日当たりの摂取目安量に含まれる栄養成分量が，国が定めた上・下限値の規格基準に適合している場合，その栄養成分の機能の表示が可能です。機能の表示と併せて，定められた注意事項等を適正に表示する義務がありますが，国への許可申請や届出の必要ありません。

具体的に規格・基準が定められている栄養成分はミネラル類5種（カルシウム，亜鉛，銅，マグネシウムおよび鉄）とビタミン（以下Vと略記）類12種（ナイアシン，パントテン酸，ビオチン，VA，VB_1，VB_2，VB_6，VB_{12}，VC，VD，VEおよび葉酸）があります。なお，栄養機能食品には特定の表示マークはありませんが，右のような表示がなされています。

■ @の意味…

わからないことはとりあえずパソコンのキーを叩いて・・・本当によく見かける@が気になってしまいました。このマークの由来は？何語なのか？

諸説あるようですが，1つの説として，@を生み出したのは中世の修

215

道士だそうです。もともと，修道士が「a」の周囲に「d」の半周を書いたものが始まりだともされます。もちろん，当時は印刷機もありませんでしたので，聖書を書写することで聖書の複製をしていました。書写のしすぎで手を痛めていたという説もあるほどです。これはとても大変な仕事であるのは明らかでしょう。その過程で「略記表現」が発達し，3筆から1筆で書けるようになったという説もあります。これが「ad」の略語としての「@」が誕生したとか……。

@の正式な名称も実はあります。通称「アットマーク」といいますが，正式名称は「単価記号」。つまり，明細書において「商品7個@$2＝$14」（これは，商品7個 各単価2ドル，小計14ドル）のように用います。

日本の正式名称は『単価記号』で，アットマークは通称でした！！

一方，ANSI（米国国家規格協会）やCCITT（電気通信標準化部門），Unicodeの文字符号化標準では，公式名称は「commercial at（コマーシャルアット）」とされています。

この英語の正式名称は『コマーシャルアット』ですが，外国人はご存知なのでしょうか？ 世界各国で特有の呼び方があるそうですが…英語では「アバウト」，「サイクロン」，イタリア語や韓国語では「カタツムリ」，フランス語では「エスカルゴ」，ロシア語では「子犬」，「ワンちゃん」，ドイツ語では「サルの尻尾」と呼ばれることも。

でも，どうしてこの記号をメールアドレスに使うようになったのでしょうか？ 1971年，電子メールの創始者であるレイ・トムリンソンがメールアドレスのユーザー名とホスト名の間の記号として使ったことから，またたくまに世界中で使われるようになったそうです。つまり，メールアドレスに@を採用したのは ①この文字が名前に使われることがほぼないこと，②@が場所や位置を示す前置詞「at」と同音で，個々のユーザーがそれぞれのホストにいることを表わせること。

現在，@は様々な使い方をされています……え？こんなのもあるの？

プレイヤーの中にはプレイヤー名に@をつける人がいるが，これは「2ちゃんねる」のローカルルールで「私が対戦している動画をネットに映しても構いませんよ」という意味があるそうです。最近だと3DSや，プレイステーションなどのゲーム機がオンラインに対応しているので，ユーザーネームに『@』をつけている方を多く見かけます。

他に，別名などを表す記号としての使い方として，「ジョン・スミス@ジーン・スマイス」などの使われ方があります（行方不明者の捜索記事や，死亡記事など，短い文章での記事に使用）。また，時間制限のあるものや，目的地までの距離等に用いる「あと」という言葉の表現として，『テスト終了まで@10分だぞー！』とか，『@1周，ラストスパートォ！』。さらに，「なるほど」の短縮形態でチャットなどの時間的制約がる場合に使用されています。これは馴染みのない人にとっては，何のことかさっぱりわかりませんね。どういうことかというと，『@』ってナルトの形に似ていませんか？つまり，『@』→『なると』→『なるほど』に派生したということです。使い方としては，『なるほど』とまったく同じです。

■ HACCP食品とは

厚生労働大臣により承認された「総合衛生管理過程（HACCP）システム」により，衛生管理が適切に行われている工場等で製造された食品にHACCPマークがつけられます。

現在のところ，食肉製品，乳及び乳製品・アイスクリーム，容器包装加圧加熱殺菌食品（レトルト食品），魚肉練り製品，清涼飲料水等がHACCP承認品目と定められて承認の対象となっています。

さて，このHACCPですが，Hazard Analysis and Critical Control Pointの略で，食品の製造・加工工程のあらゆる段階で発生する恐れのある微生物汚染等の危害をあらかじめ分析（Hazard Analysis）し，その結果に基づいて，製造工程のどの段階でどのような対策を講じればより安全な

製品を得ることができるかという重要管理点（Critical Control Point）を定め，これを連続的に監視することにより製品の安全を確保する衛生管理の手法です。

このHACCPは1960年代に米国で宇宙食の安全性を確保するために開発された食品の衛生管理の方式の1つです。この手法は国連食糧農業機関（FAO）と世界保健機関（WHO）の合同機関の食品規格（コーデックス）委員会から発表され，各国にその採用を推奨している国際的に認められたものです。

なお，畜産物の安全性向上のためには，個々の畜産農場における衛生管理の向上により，健康な家畜の生産が重要です。農林水産省では畜産農場にHACCPの考え方を取り入れた飼養衛生管理を推進し，2009年に，「畜産農場における飼養衛生管理向上の取組認証基準（農場HACCP認証基準）」を公表しています。

また，対米・対EUついて，米国のHACCP規則およびEU規則を満たしていることを厚生労働省が確認した水産食品加工施設のなかで，一定の事業を行うことに賛同する業者の自主的な組織として，「対米・対EU輸出水産食品HACCP認定施設協議会」が1998年12月9日に設立されました。

厚生労働省が定めた「対米・対EU輸出水産食品の取扱い要領」に基き，認定された施設で製造された食品に表示されます。残念ながら水産食品に限定されています。

「農場HACCP認証」は認証農場にのみ表示が許されるものであって，現行ではこれを製品（乳・肉・卵）に表示することは認められていません。

しかし，一部には誤解があるようで，さらに製品に貼られていないことに異議もあるようです。

19. 動物と地震に関するはなし

　2011年3月11日に発生した「東日本大震災」で被災された方々に心よりお見舞いするとともに不幸にして亡くなられた方々に哀悼の意を表します。

　さて，昔からナマズは地震を予知するといわれますが，この話は本当なのでしょうか？「地震発生前の地中には非常に大きな力が加わり，地中から電磁波が発生したり，空気中のイオン濃度が変化するので，動物はその変動を敏感にキャッチし，普段とは違った行動（超常現象）をとるので，それが地震の発生を予知している」といった考え方が一般的なようです。他にも大地震発生前に動物が異常現象をとったはなしは時折，耳にします。

　地震などの前触れとして見られる生物的，地質的，物理的異常現象を宏観（こうかん）異常現象と呼びます。地震雲，地鳴り，耳鳴り，地下水水位の異常，潮の異常干満，海面の変色などがこれらの一例ですが，ここでは動物に限定して話を進めましょう。

■動物の異常行動

　動物が暴れる，鳴く・吠える，通常いない場所に現れる。逆に，野生動物が突然姿を消すというものです。例としては鶏が夜中に突然騒ぎ始める，日中カラスの大群が移動・異常な鳴き声で騒ぐ。ミミズが大量に土から出てくる，普段はおとなしい飼い犬がうるさく吠えて暴れた等々です。

　1995年1月17日，阪神・淡路大震災（M7.3）：事前に犬が異常に鳴いたり異常行動をしたり，ネコが怯えたり，いなくなったり，ハトやカラスの異常行動，ボラの異常行動が目撃されました。

　2004年12月26日，スマトラ沖大地震（M9.1）：タイ南部の海岸で

観光客を乗せていたゾウ達は突然鳴き声をあげ，近くの丘の上に避難しました。また，客を乗せていないゾウも鎖を引きちぎって同じように避難したそうです。さらに，海岸沿いの草原にいた水牛約100頭も耳を立て，丘に向かって走り出しました。やがて，津波が発生し，海岸にある家や多くの人々が流されてしまいました。

2008年5月12日，四川大地震（M 7.8）：2日前の10日に省内の村（檀木村）で数十万匹のヒキガエルの大規模な移動が確認されています。

2011年3月11日，東日本大震災（M 9.0）：一週間前の4日夜，茨城県鹿嶋市の下津海岸にクジラ（カズハゴンドウ）52頭が打ち揚げられ，5日朝から地元住民や同市職員らが救出活動にあたりましたが，すでに半数以上が死んでいました。

■地震予知の成功例

1975年2月4日，中国の百万都市・海城（遼寧省・遼東半島北部の町）で大規模な動物の異常行動（「豚や牛が興奮している」，「ネズミの大群が人間を恐れず平気で戸外に現れ，暴れた」等）が報告されました。政府はこうした情報をもとに住民らに避難勧告を発令，結果その数日後にM 7.3の大地震（海城地震）が発生しましたが，すでに住民の大部分が避難していたため，死傷者を最小限に抑えることに成功した（もし避難がなされていなければ死傷者の数は15万人に上ったと推定）そうです。

■地震予知の研究

現在，東海大学地震予知研究センターでは「ナマズの行動と刺激要素に関する研究」を行っているそうです。また，中国では1975年の海城地震で動物の異常行動によって地震の直前予知に成功したので，国家地震局が展示動物や家畜の異常行動の報告を募集しているようです。麻布大学では電磁波を犬に繰返し照射し，「電磁波に反応する地震感知犬の作出に関する研究」（山内・太田ら）を行っています。この研究は犬に電磁波（100〜300 MHz）を照射し，ストレスの前兆になる唾液中のコ

ルチゾール濃度を測定し，犬の行動変化を詳細に解析するものです。

これらの宏観異常現象の解明で地震予知の研究が進展することを祈るばかりです。

■地震発生のメカニズムと電磁波

地殻を構成する代表的な岩石として，花崗（かこう）岩がありますが，その花崗岩には石英が多く含まれています。この石英は圧力が加えられると，電気を発生するという性質を持っています。もともと存在していた割れ目が大規模にすべったり，割れたりすると電気を発生するといわれています。この電気エネルギーが，電磁波として地上へ放射されます。放射されたこの電気エネルギーが，私たちが生活する地上においてノイズとして存在しています。

●電磁波ノイズが発生し，地震が起こるまで・・・

① 地中において地殻変動が起こり，石英に圧力がかかり，この時点において電磁波ノイズが発生。

② 圧力に耐えられなくなった石英は破壊されます。石英が破壊されると，電磁波ノイズの発生は終息。しかし，石英に圧力がかかったり，破壊されたりした時点で地震が発生する訳ではありません。

③ 地中において多くの石英が破壊されることで，断層にまで強力な圧力が及び，断層面が破壊されて，断層のズレが生じる。この断層のズレが地震です。この時の断層面の広さと，ズレとの大きさが，地震の規模に関連します。

以上から理解できるように，電磁波ノイズの発生が終息してから，実際に地震が起こるまでには，数日間の時差があります。この時差に着目するのが地震予測です。

地震が発生する予兆として，膨大な電磁波ノイズが数週間にわたり発生していることが，観測機器によって確認されています。つまり，電磁波ノイズが終息してから数日後に地震が発生する可能性が高いとされています。

■1900年以降の巨大地震

地震は実にたくさんの発生があります。1900年以降の記録が正確な地震についての一覧を表示します。

名　称	発生日	震源地（震源域）	規模(Mw)	死者数(人)
チリ地震	1960.5.22	チリ バルディビア近海	9.2〜9.5	5700
スマトラ島沖地震	2004.12.26	インドネシア スマトラ島北西部 インド アンダマン諸島	9.1〜9.3	220000
アラスカ地震	1964.3.28	米国 アラスカ州 プリンス・ウイリアム湾	9.1〜9.2	130
アリューシャン地震	1957.3.9	米国 アラスカ州 アンドリアノフ諸島	8.6〜9.1	0
東北地方太平洋沖地震	2011.3.11	日本 三陸沖	9.0	18000
カムチャツカ地震	1952.11.4	ロシア カムチャツカ半島近海	8.8〜9.0	2300
チリ・マウレ地震	2010.2.27	チリ マウレ沖	8.8	800
エクアドル・コロンビア地震	1906.1.31	エクアドル北西沖	8.8	6000
アリューシャン地震	1965.2.4	米国 アラスカ州 ラット諸島	8.7	不明
スマトラ島沖地震	2005.3.28	インドネシア スマトラ島北西部 インド ニアス島附近	8.6	2000

20. 妊婦に危ない生肉と猫に関するはなし

　暑い日が続くと薄着になるのでお腹の大きい女性がとくに気になります。メタボではなくマタニティーの話です。一方では，暑さに対抗するスタミナ食として焼肉を食べる機会が自然と増えますが，生肉や半焼けの肉での食中毒が問題となるのもこの季節です。妊婦さんを取り巻く心配事の1つにトキソプラズマ感染症がありますが，ここではこの問題に触れてみましょう。

■寄生虫による食中毒

　「食中毒とは，何か悪いものを食べて，腹痛や下痢などの健康被害が起こること」と思い込んでいる人が圧倒的だと思います。実際にそのような健康被害が問題ですが，寄生虫による食中毒では虫が悪者となります。つまり，魚介類や獣生肉などからアニサキス，顎口虫，トキソプラズマなどに感染することがあります。

●アニサキス症

　このうちアニサキス（症）は鯨やイルカなどの海産哺乳動物を終宿主とする回虫の一種で，中間宿主であるイカ，アジ，サバ等を生食とすることによって幼虫が感染し，ヒトの胃壁や腸壁に幼虫（大きさ約2～3cm）が穿孔し，激しい腹痛が起きます。往年の大俳優の森繁久弥がサバを食べてアニサキスの食中毒になった話は妙に懐かしいです（失礼）。

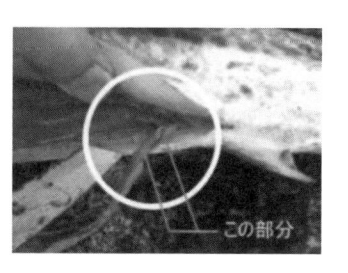

サバに寄生したアニサキスの虫体

森繁彌弥(1913～2009)

●顎口虫症

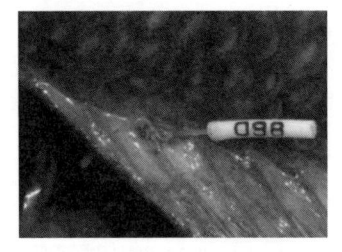

ブラックバスに寄生した顎口虫の虫体

顎口虫（症）はイヌやネコ，ブタなどの哺乳動物を終宿主として彼らの胃壁などで成虫となりますが，ヒトが顎口虫の幼虫が寄生した中間宿主である淡水魚（ライギョ，ドジョウ，フナ，ナマズ，ブラックバス，ソウギョなど）や両生類，爬虫類を生食することにより感染し，幼虫のまま皮下を移動し続け，移動性の浮腫などの症状を引き起こします。まれに腸管出血，腸閉塞，血管中を移動し，心筋梗塞などの例も報告されています（踊り食いや刺身は控えましょう）。

●トキソプラズマ症

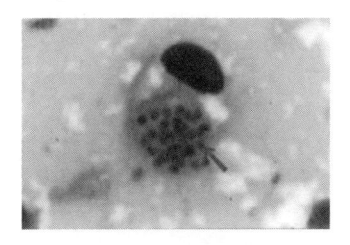

トキソプラズマ原虫

さて，トキソプラズマ（症）です。これは Toxoplasma gondii という原虫による感染症です。世界中で見られる感染症で，世界人口の3分の1が感染しているとも推測されています。トキソプラズマの終宿主はネコ科の動物で，ヒトへの感染経路としては，シスト（虫体が分泌した物質で，厚く丈夫な壁に包まれた球形の嚢）を含んだ食肉やオーシスト（ネコ科動物の体内で有性生殖をして，嚢状となったもの）を含むネコのふん便に由来する経口感染が主とされています。

健康な成人の場合には，感染しても症状がまったく見られなかったり，数週間程度の

トキソプラズマ原虫の発育環

軽い風邪のような症状程度です。しかし胎児・幼児や臓器移植やエイズの患者など，免疫抑制状態にある場合には重症化して死に至ることもあり，重篤な日和見感染症といえます。

オーシストには耐久性があるので，直接ふん便に接触しなくても，土壌を経由して野菜や水を汚染する可能性も考えられます。その他に心配なのは，妊婦から胎児への経胎盤感染があります。妊婦さんにトキソプラズマが問題になるのは，妊娠中に初めてトキソプラズマに感染することにより，胎盤を通じて胎児も感染（先天性感染）し，胎児の流・死産や新生児水頭症を引き起こす可能性があります。

■病院での検査

●検査と感染の実態

妊娠がわかった段階で，喜びとともに色々なことが心配事として思い起こされます。「生肉を食べてしまった！」，「猫とキスをしてしまった！」，「猫が遊びに来る砂場で子供と遊んでしまった！」などです。こんな場合，血液検査でトキソプラズマ抗体の有無を調べましょう。妊娠初期（4〜12週）に病院で検査を受けます。もし，抗体（免疫）があれば陽性＝トキソプラズマに感染しているということになります。ただし，妊娠前に感染したのであれば心配はありません。母子感染が心配なのは，「妊娠中の初感染」です。陽性となったら，さらに詳しい検査を行い，最近の感染＝妊娠後の感染か，古い感染＝妊娠前の感染かを調べてもらいます。

最近のデータによれば，日本の場合，先天性トキソプラズマ症の感染例は約0.05％です。つまり，100万人の赤ちゃんが誕生したとすると500人の赤ちゃんが感染したことになります。また，そのうち症状を伴う赤ちゃんは約10％，50人です。ただし，早期発見と治療によって重症になるケースを減らすことができます。

●水頭症とは

水頭症とは，読んで字のごとく，頭の中が水浸しになることですが，水浸しという表現はオーバーです。実際には髄液の産生・循環・吸収などの異常により，「脳室が正常以上に大きくなった状態」を指します。

髄液が正常以上に産生されその吸収が追いつかない時，あるいは何らかの原因（先天性あるいは後天的）で髄液の循環路が閉塞したりすることによって，脳内に過剰に髄液が貯留して，水頭症となります。

「この脳室は正常以上に大きい」，「この人は水頭症だ」と，医師はどのような手順で診断するのかですが，現在ではCTなどの画像で診断することが一般的です。脳室の幅と脳の横径の比率を測って水頭症と診断します。また，髄液の循環・吸収障害により脳室周辺部が画像の上で黒く見えること（専門的にはこのゾーンを「傍脳室部低吸収域」と呼びます）も，水頭症を疑わせる所見となります。

＜新生児水頭症とは＞

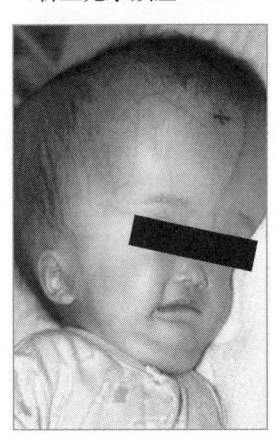

新生児水頭症の症例

髄液が脳に過剰に貯留すると，脳の圧が高くなります。そのため，頭蓋骨がまだ固まりきらない乳幼児期に水頭症になると，頭囲が拡大＝頭が大きくなってきます。乳児検診の時に必ず頭囲を測定し，母子手帳の頭囲成長曲線にその数値を記していくことは，最も単純かつ有効な水頭症の発見方法です。

頭の大きくなる病状として，小児の水頭症は昔から知られてきました。頭蓋骨はいくつかの骨が組み合わさってできていますが，生まれてしばらくの間は骨同士の結合が弱く，柔らかく組み合わさっています。先天的に水頭症を持っている新生児や，頭蓋骨の結合が柔らかい時期に水頭症になった幼児は，余分に溜まって大きくなった脳室の圧力によって頭蓋骨を押し広げる状態が続き，結果として頭が大きくなることが起こります。しっかりとした結合にな

った後では頭が大きくなっていくことはありませんし，大人でも同様です。こうした特徴があるため，幼児の病状がよく知られていますが，年齢を問わず発生する病気です。大人の水頭症で有名な病気は，正常圧水頭症と呼ばれる病気です。年齢の高い大人が発症する水頭症です。

乳幼児では，頭骨の結合が完成していないので，水頭症が明らかにわかることがあります。水頭症の幼児の頭は大きくなり，泉門が緊張した状態になったり腫れたりします。皮膚が薄くなって光沢があるように見えることがあり，頭皮の静脈は膨らんでうっ血しているように見えることがあります。

なお，この症状には嘔吐，食欲不振，気力低下，過敏性，絶え間ない下方注視，不定期に起こる発作などがあります。

年長の小児科や成人では，頭の骨はしっかりと結合しています。その場合は，過剰な脳脊髄液による脳室肥大が引き起こす頭蓋内圧上昇という症状が起こり，脳組織圧迫の原因となります。

■妊婦さんが生肉とネコに勝つには

妊婦さんにとって「生肉とネコとの生活は危険が潜んでいる」のでしばらくは焼肉をやめて，ネコとも「さようなら」となってしまいそうですが，とりあえずは以下の対策でトキソプラズマ症に感染する機会は大幅に低下するものと考えられます。①調理の前後にはよく手を洗う，②園芸やネコの世話をする時にはゴム手袋などを着用する，③肉類の生食

ネコ対策の砂場（看板とフェンス）

や無滅菌の牛乳を避け，加熱，燻製，塩蔵がしっかりされた食品を摂る，④24時間以上冷凍した食品を使う，⑤野菜や果物は酢水で洗ってから食べる，⑥ネコはできるだけ部屋飼いにし，生肉を与えたりしない，⑥肉類は十分に加熱し食べる，⑦妊婦は生肉を取り扱わない

●ネコはどうするか

完全に室内で飼育されているネコでも，トキソプラズマに感染する可能性があります。感染の機会として考えられるのは，感染しているネコ科の動物が排泄するふん便中のオーシスト（小さな虫体を含んだ卵のようなもの）を摂取した場合と，感染動物の筋肉などの組織中にいる虫体を摂取した場合です。トキソプラズマはほとんどすべての温血動物に感染しますが，ふん便にオーシストを排泄するのはネコ科の動物だけです。

つまり，ネコの感染を防ぐためには，①ネコに，生肉，生骨，生の内臓もしくは未殺菌のミルク（とくにヤギ乳），あるいは機械的伝搬者（ハエやゴキブリ）を食べさせることを避ける。もちろん，十分調理した肉であれば食べてもよい。②ネコが狩り（鳥類やネズミ）をするため自由に徘徊させたり，食肉用動物が飼われている建物へ侵入させたりしないようにする　ことが大切です。

著者プロフィール

押田　敏雄（おしだ　としお）Toshio OSHIDA

麻布大学名誉教授。東京農業大学客員教授。中国科学院瀋陽応用生態研究所客座教授。

日本養豚学会会長。獣医学博士，農学博士，工学博士。

1950年埼玉県生まれ，1972年麻布獣医科大学獣医学部卒業，1977年麻布獣医科大学大学院獣医学研究科博士課程修了。1980年麻布大学獣医学部講師，助教授を経て1997年麻布大学獣医学部獣医学科衛生学第一研究室教授に就任，2015年3月麻布大学定年退職。

日本家畜衛生学会理事長（2014年まで）。1993年日本養豚学会賞（学術賞）受賞。2005年日本家畜衛生学会賞受賞。

主な著書（執筆・編集）は畜産環境保全論（養賢堂），獣医衛生学（文永堂），生産獣医療システム・養豚編（全国家畜畜産物衛生指導協会），動物の衛生（文永堂），畜産食品の事典（朝倉書店），乳肉卵の機能と利用（アイ・ケイコーポレーション），総合調理用語（全国調理師養成施設協会），Dr. オッシーの意外と知らない畜産のはなし（中央畜産会），ブタの科学（朝倉書店），肉の機能と科学（朝倉書店），最新家畜衛生ハンドブック（養賢堂），コアカリ動物衛生学（文永堂）など多数。

JCOPY ＜（社）出版者著作権管理機構　委託出版物＞

2015
Dr. Ossy
畜産・知ったかぶり

2015年10月15日　第1版第1刷発行

著作者との申し合せにより検印省略

ⓒ著作権所有

定価（本体2800円＋税）

著　作　者　押田　敏雄

発　行　者　株式会社　養賢堂
　　　　　　代　表　者　及川　清

印　刷　者　株式会社　真興社
　　　　　　責　任　者　福田真太郎

発　行　所　株式会社 養賢堂
〒113-0033　東京都文京区本郷5丁目30番15号
TEL 東京(03)3814-0911　振替00120-7-25700
FAX 東京(03)3812-2615
URL http://www.yokendo.co.jp/

ISBN978-4-8425-0538-1　C3061

PRINTED IN JAPAN　製本所　株式会社真興社

本書の無断複写は著作権法上での例外を除き禁じられています。複写される場合は，そのつど事前に，（社）出版者著作権管理機構（電話 03-3513-6969，FAX 03-3513-6979，e-mail:info@jcopy.or.jp）の許諾を得てください。